啮齿动物实验实习指导

魏学红　马素洁　主编

中国农业大学出版社
·北京·

内容简介

本书内容涵盖了本学科的基础知识、基本理论、基本技术方法和重要的科技新成果。全书共分四个部分：啮齿动物分类与解剖观察、啮齿动物调查实验、啮齿动物控制药剂测定与评价以及附件的12个检索表。

本书可供草业科学专业师生使用，也可作为卫生、检疫、植物保护、环境保护和有害生物治理等领域从业人员的参考书。

图书在版编目(CIP)数据

啮齿动物实验实习指导 / 魏学红，马素洁主编. —北京：中国农业大学出版社，2020.5

ISBN 978-7-5655-2346-5

Ⅰ.①啮… Ⅱ.①魏…②马… Ⅲ.①啮齿目—实验动物学—高等学校—教材 Ⅳ.①Q959.837

中国版本图书馆CIP数据核字(2020)第058896号

书　名 啮齿动物实验实习指导
作　者 魏学红 马素洁 主编

策划编辑 梁爱荣　　**责任编辑** 梁爱荣
封面设计 郑 川
出版发行 中国农业大学出版社
社　址 北京市海淀区圆明园西路2号　　**邮政编码** 100193
电　话 发行部 010-62733489,1190　　读者服务部 010-62732336
编辑部 010-62732617,2618　　出 版 部 010-62733440
网　址 http://www.caupress.cn　　**E-mail** cbsszs@cau.edu.cn
经　销 新华书店
印　刷 涿州市星河印刷有限公司
版　次 2020年5月第1版 2020年5月第1次印刷
规　格 787×980 16开本 6.25印张 120千字
定　价 19.00元

编 委 会

主　编　魏学红（西藏农牧学院）

马素洁（西藏农牧学院）

副主编　孙　磊（西藏农牧学院）

王向涛（西藏农牧学院）

参　编　赵玉红（西藏农牧学院）

王明涛（西藏农牧学院）

包赛很那（西藏农牧学院）

彭　艳（西藏农牧学院）

孙晶远（西藏农牧学院）

王福成（西藏农牧学院）

前　言

啮齿动物是哺乳动物中种类最繁多的动物类群，共计 32 个科，约 2 272 个种，占哺乳动物物种总数的 42%。我国共有哺乳动物 673 种，其中，啮齿动物 215 种，占总数的 32%。由于该类动物繁殖力强，数量多，分布广，与人类生产、生活关系十分密切。其中部分种类在农、林、牧、卫生等方面给人类带来危害，人类必须对其进行数量控制；另外，啮齿动物是自然生态系统中不可或缺的成员，在加速生态系统能量流动和物质循环方面起着重要作用。

全书共分四个部分。魏学红、王明涛编写啮齿动物分类与解剖观察，8 项实验；马素洁、包赛很那、赵玉红编写啮齿动物调查实验，7 项实验；孙磊、王向涛编写啮齿动物控制药剂测定与评价，5 项实验；马素洁、彭艳、孙晶远、王福成编写附件，共 12 个检索表，并负责全书校对。

本书查阅和参考相关院校研究成果，涉及啮齿动物实验内容较为全面，可供草业科学专业师生使用，也可作为卫生、检疫、植物保护、环境保护和有害生物治理等领域从业人员的参考书。限于编者的水平，本书尚有不足之处，敬请同行及师生纠正，以便修订。

编者

2019 年 12 月

目 录

第一章 啮齿动物分类与解剖观察 …… 1
实验一 啮齿动物的识别 …… 2
实验二 啮齿动物标本的采集 …… 8
实验三 啮齿动物性别鉴定 …… 14
实验四 啮齿动物年龄鉴定 …… 18
实验五 啮齿动物内脏结构观察 …… 21
实验六 啮齿动物剥制标本的制作 …… 24
实验七 啮齿动物浸制标本的制作 …… 28
实验八 啮齿动物骨骼标本的制作 …… 30

第二章 啮齿动物调查实验 …… 35
实验一 啮齿动物区系调查方法 …… 36
实验二 啮齿动物密度调查方法 …… 40
实验三 啮齿动物洞穴配置与结构调查方法 …… 49
实验四 啮齿动物食性、食量调查方法 …… 51
实验五 啮齿动物巢区调查方法 …… 55
实验六 啮齿动物繁殖调查方法 …… 59
实验七 啮齿动物破坏量调查方法 …… 63

第三章 啮齿动物控制药剂测定与评价 …… 66
实验一 药剂的适口性测定 …… 67
实验二 药剂致死中量测定 …… 69
实验三 药剂毒杀效果测定(单个) …… 74
实验四 药剂毒杀效果测定(群体) …… 76
实验五 野外药剂灭鼠 …… 78

附 件 …… 81

附件 1 鼠类分目检索表 …… 82
附件 2 兔形目分科检索表 …… 82
附件 3 兔科主要属种检索表 …… 82
附件 4 鼠兔科(属)常见种检索表 …… 83
附件 5 我国主要啮齿目分科检索表 …… 84
附件 6 松鼠科常见种检索表 …… 84
附件 7 仓鼠亚科常见种检索表 …… 85
附件 8 鼢鼠亚科常见种检索表 …… 86
附件 9 跳鼠科主要属种检索表 …… 86
附件 10 沙鼠亚科主要属种检索表 …… 88
附件 11 田鼠亚科主要属种检索表 …… 88
附件 12 鼠科主要属种检索表 …… 90

参考文献 …… 92

第一章　啮齿动物分类与解剖观察

啮齿动物标本是研究啮齿动物分类和形态学的基础。因此，对标本的采集、记录、制作和保存，是动物学研究人员的基本技能之一。本组实验共 8 个，各实验既相互独立，又相互关联，是培养从感知认识啮齿动物到理性认识啮齿动物的一个重要环节，也是正确认识啮齿动物的关键；同时，本章是克服厌恶心理和提高学习兴趣的重要步骤，也是啮齿动物研究的基础性实验。本组实验要求学生认识不同生境中的主要啮齿动物，掌握它们的基本特征，学习用正确的方法观察和研究啮齿动物，了解啮齿动物标本采集的方法、剥制标本和骨骼标本的制作，体验标本采集的全过程，掌握啮齿动物标本制作的基本方法和技能。

在实验过程中要注意以下两点。

(1)实验用品的保管　所有实验用品，包括资料、工具、药品等，一律实行责任到人，由专人负责保管、使用，确保不会遗失。

(2)实验安全　实行小组长点名制，学生党员、班干部要发挥带头作用，指导教师要切实负起责任，确保实验过程中不发生意外。

实验一　啮齿动物的识别

一、实验目的与意义

①通过实验，巩固和提高学生课堂所学知识，进一步培养其独立学习能力。

②要求学生认识不同生境中的主要啮齿动物，掌握它们的基本特征。

③初步了解它们的生活条件、分类地位以及啮齿动物与环境的关系。

二、基本原理和方法

啮齿动物物种繁多，它们无论在体型、毛色、形态上，还是在生态适应特点和行为习性上，无论在地理分布和栖息密度上，还是在与人类的益、害关系和我们的管理对策上均千差万别。只有准确地识别鼠种，才能查清不同地区的啮齿动物组成，掌握害鼠的分布、活动特点和行为习性；才能弄清其数量动态，准确地监测和预报害情；才能制定合理的管理对策和开展有效的防治；才能不断地、科学地总结经验，合理地推广研究成果；才能制定规划，因地制宜地推动各地区和全国的综合治理工作。因此，分类鉴定工作是鼠害防治工作的重要基础。

识别动物的方法很多，可分为直接识别与间接识别两大类。直接识别是根据遇见或捕获的活动物，或者获得的动物尸体，以及剥制的标本、皮张、动物骨骼等实物进行种类鉴定；间接识别则是根据这些动物的巢穴、粪便、取食和其他活动的各种痕迹等，判断某地区的某种环境中有什么动物生存。直接识别可得到较可靠的结论，是识别的主要方法。间接识别也是野外考察中不可缺少的一环，它要求工作人员必须熟悉工作地区的动物种类及其形态、栖息环境和活动特点，并有较丰富的观察和识别各种痕迹的经验。其准确度相对较低，因此，在必要时须捕捉一定数量的动物，进行直接识别，以验证用间接识别方法取得的结论是否可靠。

三、主要仪器设备及耗材

电子秤、皮尺、检索表。

四、实验内容及步骤

(一)啮齿动物的分类特征与测量

1.啮齿动物的外形测量

啮齿动物的外形测量主要包括:体长、尾长、后足长、耳长、体重和胴体重(图1-1)。其中,长度单位采用mm,体重单位用g。

(1)体重(avoirdupois)　整体质量除掉动物体外的异物及含在口中的泥土和食物后,直接放在天平或秤上称重。

(2)胴体重(carcass weight)　除去全部内脏的质量。

(3)体长(body length)　自吻端至肛门的直线距离。

(4)尾长(tail length)　从肛门或尾基至尾端(端毛除外)的直线距离。

(5)后足长(back leg length)　从后跟至最长趾末端(爪除外)的直线距离。

(6)耳长(ear length)　自耳孔下缘(如耳壳呈管状则自耳壳基部量起)至耳顶端(不连毛)的直线距离。

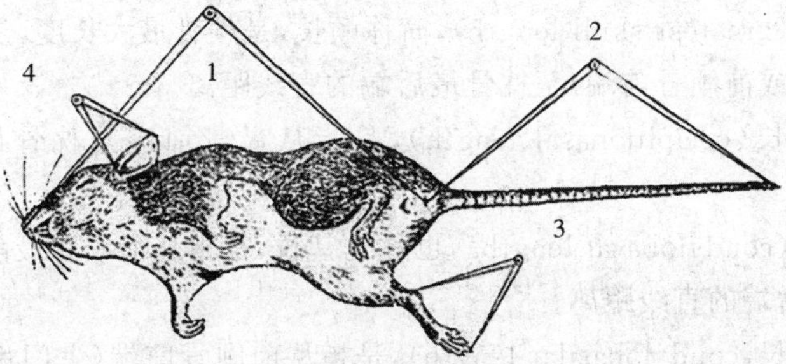

图1-1　鼠类外形测量

1.体长;2.尾长;3.后足长;4.耳长

2.头骨的测量

(1)啮齿动物头骨识别

啮齿动物头骨识别参考图1-2。

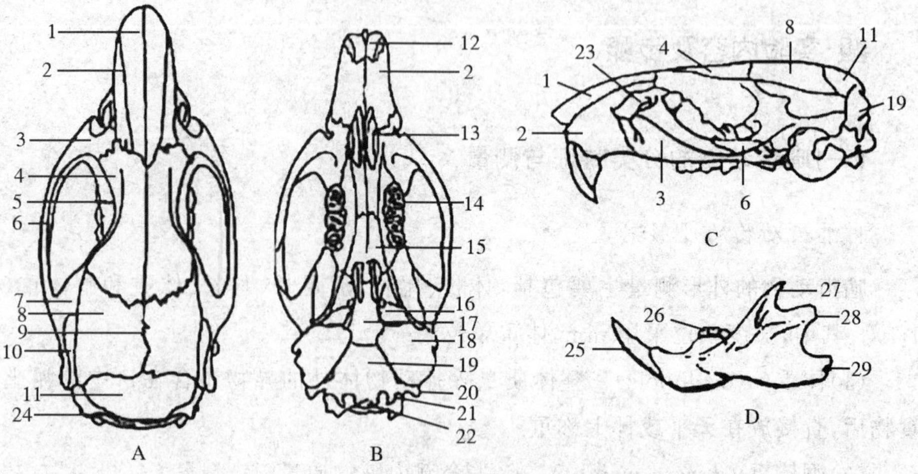

图 1-2 啮齿动物头骨

A. 上颌骨的背面 B. 上颌骨的腹面 C. 上颌骨的侧面 D. 下颌骨的侧面

1. 鼻骨;2. 前颌骨;3. 上颌骨;4. 额骨;5. 眶上脊;6. 颧骨;7. 鳞骨;8. 顶骨;9. 矢状脊;10. 颞脊;11. 顶间骨;12. 上门齿;13. 腭孔;14. 上臼齿;15 腭骨;16. 翼骨;17. 基蝶骨;18. 听泡;19. 枕骨;20. 乳突(颞乳突);21. 枕髁;22. 枕骨大孔;23. 眶下孔;24. 人字脊;25. 下门齿;26. 下臼齿;27. 冠状突;28. 关节突;29. 角突

(2)头骨的测量 包括以下几个内容,部分指标的测量见图 1-3。

①颅全长(greatest skull length),简称颅长,是颅骨最大长度,是指从唇端(包括门齿或鼻骨或前颌骨前端)至枕骨最后端的直线距离。

②枕鼻骨长(occipitionasal length),是指从鼻骨前端至枕骨最后端的直线距离。

③颅基长(condylobasal length),也称枕基长,是指从前颌骨最前端(上门齿前面)至枕骨最后端的直线距离。

④颅基底长(condylobasilar length),是指从前颌骨前端(上门齿后面)至枕骨最后端的直线距离。

⑤基长(basal length),是指从前颌骨最前端(上门齿前面)至枕大孔下缘的最短距离。

⑥基底长(basilar length),是指从前颌骨前端(上门齿后面)至枕大孔下缘的最短距离。

⑦腭长(median palatal length),是指从中间门齿齿槽后缘至腭部后缘(不包括棘突在内)的最短距离。

⑧颧宽(zygomatic width),是指左右颧弓外缘间的最大宽度。

⑨口盖长(palatal length),是指从中间门齿齿槽前缘到腭部后缘(不包括棘突在内)的最短距离。

⑩齿虚位(diastema length),也称齿隙,是指从门齿基部后缘至第1颊齿基部的直线距离。

⑪眶间宽(interorbital length),是额骨背面两眼眶的最小距离。

⑫后头宽(width of brain case),指颅骨后部(脑颅)的最大宽度。

⑬乳突宽(mastoid width),指颅骨后部左右乳突之间的宽度。

⑭听泡长(length of tympanic bulla),听泡的最大长度(不包括副枕突在内)。一般用于听泡比较发达的种类。

⑮听泡宽(width of tympanic bulla),听泡的最大宽度。

⑯下颌骨长(mandibular length),是下颌骨(包括门齿)的最大水平直线长。

⑰上齿列长(length of upper cheek teeth),也称上颊齿列长,是上颌颊齿列(前臼齿和臼齿)齿冠的最大长度。

⑱下齿列长(length of lower cheek teeth),也称下颊齿列长,是下颌颊齿列(前臼齿和臼齿)齿冠的最大长度。

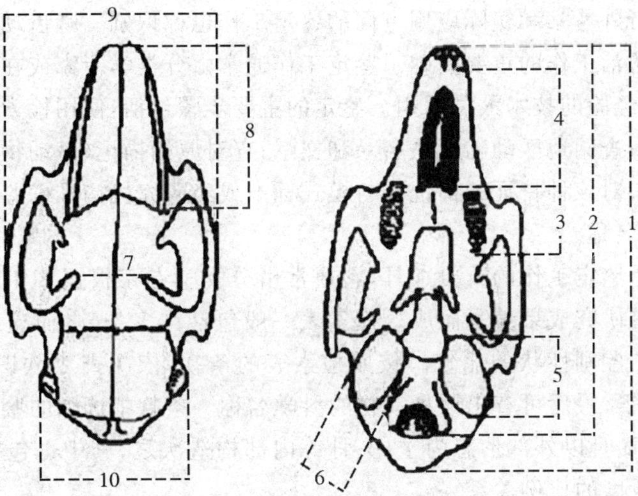

图1-3　啮齿动物头骨测量

1.颅全长;2.颅基长;3.上齿列长;4.齿隙长;5.听泡长;
6.听泡宽;7.眶间宽;8.鼻骨长;9.颧宽;10.后头宽

3. 牙齿

由于牙齿与食性有密切的关系，因而不同生活习性的哺乳动物牙齿的形状和数目均有很大差异。齿型和齿数在同一种内是稳定的，这对于哺乳动物的分类有重要意义。通常以齿式来表示一侧牙齿的数目。其公式多写为分数等式的形式，分子依次为上颌一侧的门齿、犬齿、前臼齿、臼齿数，分母为下颌一侧的门齿、犬齿、前臼齿、臼齿数，不同齿型间用圆点隔开，等号后为该动物的牙齿总数。

$$\text{齿式}=\frac{\text{(上)门齿·犬齿·前臼齿·臼齿}}{\text{(下)门齿·犬齿·前臼齿·臼齿}}=\text{总齿数}$$

啮齿动物没有犬齿，其牙齿分化为门齿、前臼齿和臼齿。因前臼齿和臼齿均生在颊部，也合称颊齿。门齿与前臼齿之间有一宽阔的间隙，称为犬齿虚位。啮齿动物的门齿无齿根，能终身生长，因而要经常咬啮磨损，所以叫作啮齿动物。门齿的颜色（黄、白、橙），前缘表面有无纵沟，齿尖后缘有无缺刻，以及与上颌骨所形成的角度（垂直或前倾）等都可作为分类的依据。

（二）啮齿动物的分类检索

通过查对和研究动物（或标本）的特征，以确认其在动物分类系统中位置的工作称鉴定。野外考察和实际应用方面的鉴定工作也称识别。啮齿动物的分类鉴定工作是鼠害防治工作的重要基础。鉴定工作通常由分类学专家或在分类学上经专门培训过、有经验的技术人员承担。鉴定的主要步骤包括：使用检索表试查动物至目、科、属、种；查阅地区动物区系名录和文献；查对原始描记（该动物的发现者在原发表的论文中对该种特征的描记）；与模式标本或经研究机构准确鉴定过的标本对比；确定动物名称。

检索表是鉴定工作的重要工具，它通常由分类学专家根据多年的实践经验和综合国内外的研究成果编写而成。检索表一般包括许多条款，而这些条款实际上是各种动物的鉴别性状的比较。按照检索表的条款，依次查对欲识别动物（或标本）的相应特征，最后可查出该种动物的科学名称。条款中选列的鉴别性状多以形态方面为主，而且以外部形态为主，头骨等内部构造次之，其中也包括一些测量的数据和某些量度的比例关系。

检索表有多种形式，用于不同目的。分类工作中常采用歧式检索表。这类检索表也有多种，比较适用的为几种二歧式检索表，其共同特点是在对照所列的每项鉴别性状时，都把涉及的全部动物种类分为“是”与“否”两大部分，用不断两分的方法，剔除否定部分，逐渐缩小欲鉴定种类的归属范围，直到最后查出唯一正确的名称来。

青藏高原地区的羌塘高原亚区啮齿类动物种类很少，优势种为黑唇鼠兔和高原兔，其次为旱獭、白尾松田鼠、藏仓鼠以及高原鼢等；西南山地亚区 3 000 m 以上鼠类组成与青藏高原相似，3 000 m 以下区域有树栖类、地栖类鼠，阳坡草地以藏鼠兔为主，林业常见害鼠为绒鼠；喜马拉雅亚区鼠类与西南山地亚区鼠类相似，但具有印度半岛区系的特点，具有许多独有的鼠种，如锡金拟田鼠等。

具体分类按附件 1～12 进行检索。

附件 1　鼠类分目检索表

附件 2　兔形目分科检索表

附件 3　兔科主要属种检索表

附件 4　鼠兔科(属)常见种检索表

附件 5　我国主要啮齿目分科检索表

附件 6　松鼠科常见种检索表

附件 7　仓鼠亚科常见种检索表

附件 8　鼢鼠亚科常见种检索表

附件 9　跳鼠科主要属种检索表

附件 10　沙鼠亚科主要属种检索表

附件 11　田鼠亚科主要属种检索表

附件 12　鼠科主要属种检索表

实验二 啮齿动物标本的采集

一、实验目的与意义

①通过实验，巩固和提高课堂所学知识，进一步培养独立工作能力。要求学生认识西藏当地主要的啮齿动物，并掌握其基本外部特征，初步了解其生活条件、分类地位以及与环境的关系。

②学习用正确的方法观察和研究啮齿动物。自然界中的事物是互相联系和互相作用的整体，啮齿动物是其中的一部分，它们的形态、结构、生活习性、生理功能与环境条件密切相关，全面观察啮齿动物与环境的关系，才能理解不同啮齿动物的生活方式及对环境的适应。

③通过现场讲解和实地操作，了解标本采集的方法，体验标本采集的全过程。

二、基本原理和方法

在不同生境内，用各种方法日夜捕捉各种啮齿动物(参照本书第二章)。将捕获的动物制成标本，然后借助检索表及有关专著鉴定种类。

三、主要仪器设备及耗材

(一)资料准备

资料准备指的是查阅文献资料，其中包括国内外已经发表的有关啮齿动物形态特征的论文以及工作地区的地图、地理、地质、土壤、气候和植被等材料，以及当地草地经营情况和以往鼠害发生和防治情况的资料，这些文献资料不仅对制订标本采集计划有参考意义，而且对鉴别采集的标本样品具有重要意义。

(二)仪器设备

显微镜、解剖镜、望远镜、最高最低温度计、GPS仪、海拔仪、罗盘、照相机、高清摄像机、越野型汽车 1～2 台等。

(三)实验药品(耗材)

来苏儿、乙醇、甲醛、乙醚、亚砒酸、明矾、滑石粉、碘酒、脱脂棉、纱布、胶布及其他常用药品等。

(四)捕鼠工具

根据工作任务，携带一定数量的鼠夹、捕鼠笼等捕鼠工具和锤、钳、锉刀、钉、铁丝等简单的修理工具，以及铁锨、铁镐等，还要准备鼠袋、解剖刀、解剖剪、镊子、培养皿、载玻片、盖玻片及文具、生活用品等其他物品。

四、实验内容及步骤

(一)实验内容

1.地面鼠类标本的采集

地面鼠类标本的采集主要采用夹捕法、笼捕法、陷阱法、活套法、鼓风捕鼠法等物理方法，对于野兔类，可以采用丝套法和网捕法。

2.地下鼠类标本的采集

地下鼠类标本的采集主要采用钢弓夹法进行，也可采用弓箭捕捉法进行。

(二)实验步骤

1.啮齿动物捕获方法

(1)鼠夹法　鼠夹法常用的捕鼠器械是捕鼠夹，有 30 多种，主要有钢弓夹、踏板夹、铁丝夹、弓箭类等。

①钢弓夹：也叫弓形夹、踩夹、钢闸等。钢弓夹以两个半圆形铁片环为夹，两端轴状，套于底部铁片两端的孔中，能转动。另用 1～2 个两端挖有空心的弹性钢弓把两个铁片环套住(图 1-4)。支架时把钢弓压下，铁片环向两边张开，用支棍压住一环，使其保持不稳定平衡，将支棍略微别在夹心踏板上。支起后捕鼠面的直径为 14、10 和 6 cm。不用诱饵，布放在洞口。支架时，先用脚踏紧弹簧钢片，再打开弓夹，挂好活动挂钩，然后抬脚取夹，从弓下面伸手进去，仔细调整踏板的灵敏度。布

夹时，应逼近洞口挖一小坑，将夹放在坑内，铁链固定在口旁的地上。钢弓夹应拴有细铁链，以便用铁钉、木桩等固定在地面上，防止鼠类或食鼠动物将夹带走。选用弹力较弱的弓形夹，并在两弓上缠些破布，置放后勤加检查。按此法捕获的活鼠，仅有少部分死亡。

图 1-4 钢弓夹

②踏板夹：常以木板或薄铁板为主体，架以铁丝弓，当鼠触动机构时，由于弹簧的弹压作用，可使铁丝弓夹住鼠体。可选用中、小型踏板夹捕获高原鼠兔。从结构看，又可分为带踏板的和带诱饵钩的两类，根据底板材料，踏板夹分为木板夹和铁板夹两类(图 1-5)。在野外捕鼠时，常常靠近洞口布夹。先用夹板或小铁铲在洞口前方挖一线槽，再支好鼠夹，仔细调整灵敏度，使鼠一触即发。轻轻把夹子放在槽内，尽量使踏板靠近洞口，但应注意防止击发后的弓夹被洞壁卡住，踏板应尽量放平，约与洞口下缘等高，踏板下不应有石块、泥土或草根等物，以免影响夹子的灵敏度。鼠夹也可垂直放在鼠道上。

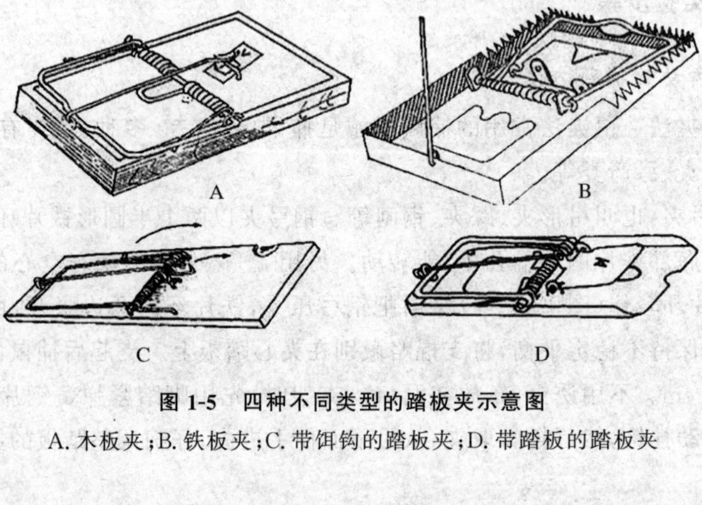

图 1-5 四种不同类型的踏板夹示意图

A. 木板夹；B. 铁板夹；C. 带饵钩的踏板夹；D. 带踏板的踏板夹

③铁丝夹：一般用 14 号铁丝做两个弓形的压弓，用 14 号钢丝做弹簧，尾部拴细绳，细绳另一端拴支棍，掰开压弓，用支棍撬住引发部，使压弓处于不稳定的平衡状态。引发部上挂诱饵。若不用诱饵，改成踏板或绊线。为防止鼠从夹后吃去诱饵或小型鼠从夹弓内漏掉，有的在夹上加细铁丝网；为防大型鼠把夹带走或夹从高处掉下伤人，可在夹后系铁链，以便放夹时固定夹子（图 1-6）。

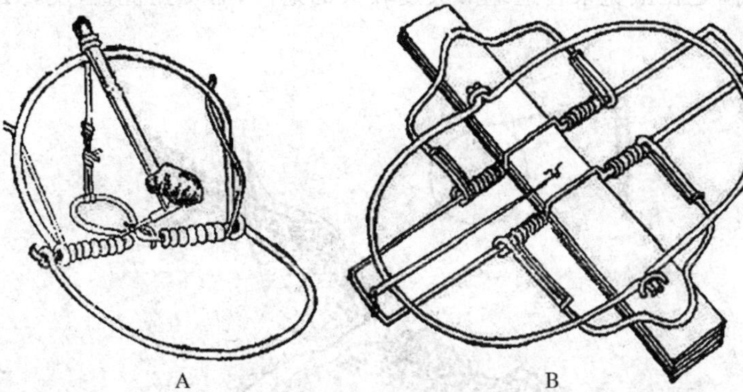

A　　B

图 1-6　两种铁丝夹示意图

A. 铁丝夹；B. 四扇夹

（2）捕鼠笼　捕鼠笼是捕捉活鼠的工具。多数由笼体、活门和机关三部分组成（图 1-7）。捕鼠笼上的机关用弹簧连在活门上，鼠兔盗食诱饵时拉动机关，活门立即关闭，即可捕住鼠兔。捕鼠时一般将捕鼠笼布放在鼠的活动场所，或在洞口前方挖一个槽，笼放入槽内后，笼门要盖严洞口的上前方，使鼠出洞后只能进笼。同时，槽应给活门留落下的位置，诱饵钩也要改装，上端从钩口向前改为向后，下端改成蛛网形或三角形（图 1-7B）。这样，当鼠入笼触动机关时，活门即可关闭，而鼠被活捉。

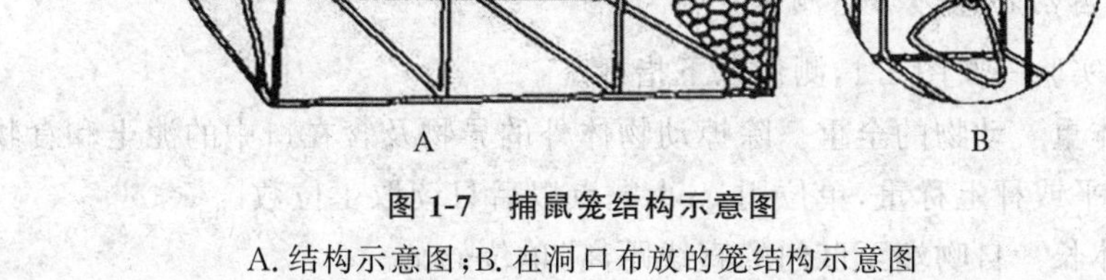

A　　B

图 1-7　捕鼠笼结构示意图

A. 结构示意图；B. 在洞口布放的笼结构示意图

(3)陷阱法　5月初,幼鼠开始出洞活动时,在洞口附近跑道上挖一深约30 cm的垂直洞,当幼鼠受惊吓乱窜时,就会掉入其中而被捕获。

(4)活套法　一般用18～22号细铁丝30 cm,一端做成直径约1 cm的圈,再将另一端穿过圈,做成直径10 cm左右的活套,绳的另一端固定在木桩上,钉在洞口旁(图1-8)。活套应安放在高原鼠兔的洞口处,需要在鼠兔出洞或入洞前安放,或将其垂直固定在鼠兔采食道地形坡度较大的地段,需要勤检查,及时处理被捕的猎物。

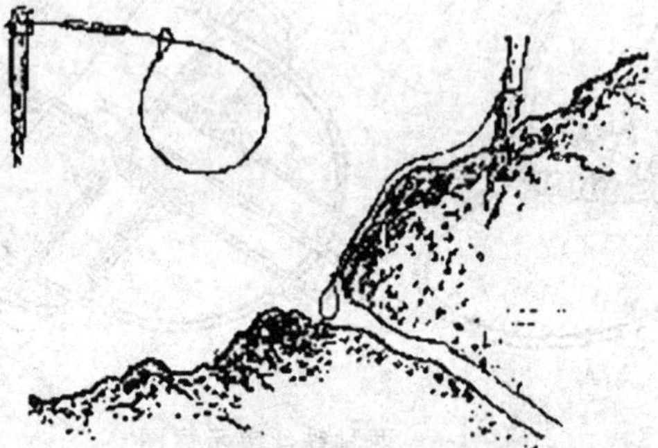

图1-8　活套及布放示意图

(5)鼓风捕鼠法　利用高原鼠兔遇急促气浪即警惕逃窜的特性,把所有的洞口堵住,只留两个,其中一个洞口张一个布袋,通过另一个洞口向洞内鼓风,高原鼠兔突然遭到急促气浪冲击,就向顺风的一端逃窜,结果钻入布袋中而被捕获。

2.采集后的处理

采集到鼠后,如果还活着,可在野外现场将蘸满乙醚的棉花放入塑料袋中,再放入鼠,用乙醚麻醉处死,也可用粗长针经耳孔刺入延脑深处处死活鼠。将捕获的动物装入布质的鼠袋中,并附一张注明采集时间和地点的标签(图1-9),将袋口扎紧。原则上一鼠一袋,也可一袋装一种鼠。如果采集过程中,鼠已死,也要将鼠按上法进行麻醉,放入适量的乙醚或氯仿,进行灭虫灭蚤,再放入布袋内。操作时定要加强防护,穿好防疫服装,注意安全。

3.啮齿动物外部形态测量

参考实验一及图1-1,测量以下指标。

(1)体重　动物的全重。除掉动物体外的异物及含在口中的泥土和食物后,直接放在天平或秤上称重,单位用g;小数点以后只读取1位数。

(2)体长　自吻端至肛门的直线距离,单位mm。

(3)尾长　自肛门或尾基至尾端的直线距离(尾端毛不计在内),单位 mm。

(4)耳长　自耳孔下缘(如耳壳呈管状则自耳壳基部量起)至耳顶端(不连毛)的直线距离,单位 mm。

(5)后足长　自足跟至最长脚趾末端(不连爪)的直线距离,单位 mm。

编号＿＿＿＿＿ 日期＿＿＿＿年＿＿＿＿月＿＿＿＿日	
采集地点＿＿＿＿＿＿＿＿＿＿＿＿＿＿	
俗名＿＿＿＿＿＿＿	性别＿＿＿＿＿＿＿
种名＿＿＿＿＿＿＿＿＿＿＿＿＿＿	

正面

体　长＿＿＿＿＿＿＿	尾　长＿＿＿＿＿＿＿
后足长＿＿＿＿＿＿＿	耳　长＿＿＿＿＿＿＿
体　重＿＿＿＿＿＿＿	采集人＿＿＿＿＿＿＿

背面

图 1-9　标签(8 cm×3 cm)

实验三　啮齿动物性别鉴定

一、实验目的与意义

①通过本实验,学习和掌握实验动物的抓取、固定方法和性别、年龄判断方法。

②啮齿动物繁殖期短,每胎个体数多,繁殖能力较强。所以掌握啮齿动物性别的判断方法对研究啮齿动物的生物群结构和种群发展趋势有着重要的意义。

二、基本原理和方法

将啮齿动物捕获后以适合的方法将其固定后进行观察。

三、主要仪器设备及耗材

(一)资料准备

收集查阅文献资料,其中包括国内外已经发表的有关啮齿动物性别判断的方法和不同种啮齿动物固定盒的具体使用方法,以及当地啮齿动物群落的结构、性别组成和适宜的鼠害防治方法,这些资料不仅对研究啮齿动物的年龄、性别结构有意义,而且对研究当地鼠类的发展趋势和未来的鼠害预测有着极为重要的意义。

(二)仪器设备

镊子、鼠类固定盒、兔类固定盒、剪刀、电子天平等。

(三)实验药品

来苏儿、乙醇、甲醛、乙醚、亚砒酸、明矾、滑石粉、碘酒、脱脂棉、纱布等。

(四)捕鼠工具

根据工作任务,携带一定数量的鼠夹、捕鼠笼等捕鼠工具和锤、钳、锉刀、钉、铁丝等简单的修理工具，以及铁锹、铁镐等，准备鼠袋、解剖刀、解剖剪、镊子、培养皿、载玻片、盖玻片及文具、生活用品等其他物品。

四、实验内容及步骤

（一）实验内容

实验人员在进行动物实验时，必须正确抓取动物，以免被动物抓咬伤，或造成动物的伤亡和应激反应。抓取固定动物必须对各种动物的一般习性有所了解，抓取动物应大胆、准确、迅速、熟练，不可恐吓动物。观察时若鼠类、兔类的皮毛过长不适于观察，可将毛发用剪刀去除后再观察。

（二）实验步骤

1. 小鼠的抓取与固定

（1）抓取方法　小鼠性情温顺，一般不会主动咬人，但抓取不当也易被其咬伤。习惯用右手者，用右手从笼盒内将小鼠自尾中部或基部抓住（不可抓尾尖）（图 1-10）。

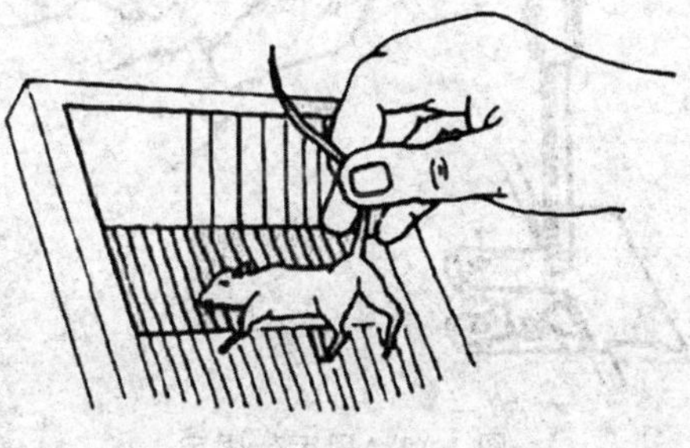

图 1-10　正确的抓取方式

（2）固定方法　包括徒手固定和器械固定，后者又包括固定板固定和固定架固定。

①徒手固定：右手抓取小鼠尾，将小鼠放在笼盖（或表面粗糙的物体）上，轻轻向后拉鼠尾；在小鼠向前挣脱时，用左手拇指和食指抓住两耳和颈部皮肤，无名指、小指和手掌心夹住背部皮肤和尾部，并调整好动物在手中的姿势（图 1-11）。

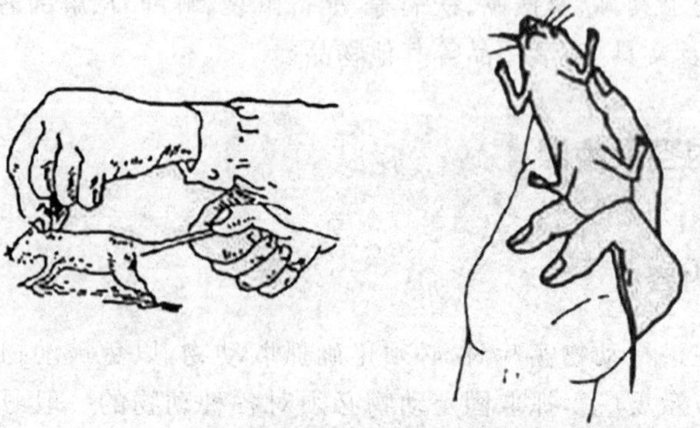

图 1-11 徒手固定

②固定板固定:小鼠麻醉后置于小鼠固定板上,取仰卧位,用胶布缠粘四肢,再用针透过胶布扎在板上,从而将小鼠固定在小鼠固定板上。

③固定架固定:让小鼠直接钻入固定架里,封好固定架的封口,露出尾巴(图1-12)。

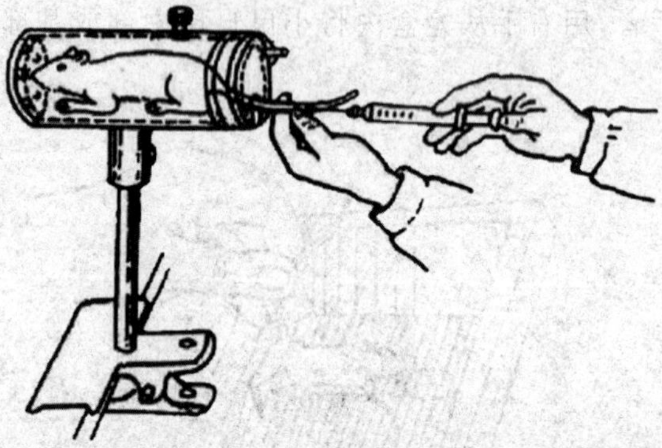

图 1-12 固定架固定

2.兔类的抓取与固定

(1)抓取方法 兔一般不咬人,但其爪锐利,挣扎时极易抓伤操作人员。因此,必须防备其四肢的活动。特别注意不能只提兔双耳或双后腿,也不能仅抓腰或提背部皮毛,以避免造成耳、肾、腰椎损伤或皮下出血。

(2)固定方法 包括徒手固定和台式固定。

①徒手固定:一种方法是由助手用一只手抓住兔颈背部皮肤,另一只手抓住兔的两后肢,牢牢地固定在实验台上。此法适用于腹腔、肌肉等部位注射。另一种方

法是由助手坐在椅子上用一只手抓住兔颈背部皮肤，同时捏住两个耳朵，不让其头部活动，大腿夹住兔的下半身，用另一只手抓住两前肢将兔固定，此法适用于经口给药。

②台式固定：将家兔麻醉后置于固定台上，四肢用粗棉绳以活结绑住，拉直四肢，将绳绑在兔固定台四周的固定木块上，头以固定夹固定或用一根粗棉绳牵引兔门齿系在固定台铁柱上。此法常用于兔静脉采血、注射、测量血压、呼吸等手术操作。

3.实验动物的性别鉴定

(1)啮齿目　观察生殖器与肛门之间的距离，雌性较雄性近，具沟；观察生殖突起，雄性较大、较圆，雌性较小具裂缝；仰卧观察乳头，雄性不明显，雌性明显。

(2)兔形目　初生仔兔及开眼仔兔，观察阴部孔洞形状和距离肛门远近。孔洞扁形、大小与肛门相同，距肛门近者为雌性；孔洞圆形而略小于肛门，距肛门远者为雄性。

对幼兔可用右手抓住兔的颈背部皮肤，左手以食、中指夹住尾巴，大拇指轻轻向上推开生殖器，局部呈“O”形，下为圆柱体者是公兔；局部呈“V”形，下端裂缝延至肛门者为母兔。

对成年兔通过察看有无阴囊进行公母区分。

实验四　啮齿动物年龄鉴定

一、实验目的与意义

①通过实验，巩固和提高课堂所学知识，进一步培养独立工作能力。要求学生了解啮齿动物年龄层次。

②学习用正确辨别啮齿动物年龄结构的方法。

二、基本原理和方法

年龄划分与鉴定是分析年龄组成的关键，有助于估算个体生长率、性成熟年龄、寿命、种群出生率、存活率及年龄结构等，且年龄组成的变化及其幅度很大程度上决定了种群上升的潜力和大小，为种群数量的增多提供了基础，因此，掌握年龄鉴定方法可为动物的管理与利用提供重要参考。啮齿动物个体小、数量大、密度高，种群波动较大，研究啮齿类种群的年龄和年龄结构，是对其进行有效防控的重要基础。牙齿、体重、阴茎骨、眼球晶体等与年龄关系密切。

三、主要设备仪器及耗材

啮齿动物、天平、测尺、硝酸、蒸馏水、石蜡、切片机、麦氏苏木精、解剖镜、载玻片、盖玻片等。

四、实验内容及步骤

（一）牙齿判别年龄法

通过牙齿判断年龄可从以下几个方面进行。

1. 牙齿生长序

判断动物的早期年龄，是胚后发育早期可靠的年龄鉴定指标。

2. 牙齿的磨损

以黑线姬鼠臼齿磨损程度为例(图 1-13)。

3. 牙齿生长层(齿龄)

适用于大中型动物。A 层,亚层半透明,宽白带;B 层,深狭带;C 层,半透明色层;D 层,深狭带。

(1)牙齿生长层切片法　按以下步骤进行。

①脱钙:完整牙用 5%硝酸常温下浸泡 1～2 d,或用潘氏(Plank-Rychlo)液处理 10～30 min (甲酸 40 mL,35% HCl 68 mL,$AlCl_3$ 56 g,蒸馏水 636 mL,配成 800 mL)。

②冲洗包埋:清水冲洗一昼夜→蒸馏水浸洗一昼夜→用石蜡包埋。

③切片:切片机上纵切,厚 10～30 μm。

④染色封片:麦氏苏木精染色或 Delafield's 苏木精染色,中性树胶封片。

(2)牙齿生长层磨片法　牙齿→磨制磨光→解剖镜下观察→计数层数→确认年龄。

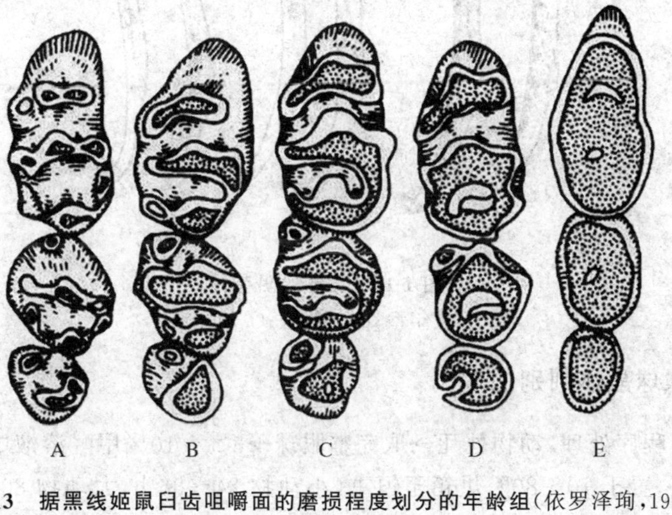

图 1-13　据黑线姬鼠臼齿咀嚼面的磨损程度划分的年龄组(依罗泽珣,1963)

A. 幼体;B. 亚成体;C. 成年一组;D. 成年二组;E. 老年组

(二)体重、体长判别法

用体重方法划分啮齿动物年龄组是一项简便易行的方法,但注意其往往受妊娠状况和食量的影响。测量啮齿动物体重和体长后,参考已有资料进行对比。如汪志刚将高原鼢鼠按体重和体长分为 6 个年龄组。

胴体重:林纪春以胴体重为指标将子午沙鼠划分为 5 个年龄组。苏军虎等依据胴体重将高原鼢鼠分为 6 组:亚成年组(雄小于 144 g,雌小于 106 g),成年Ⅰ组(雄 144～210 g,雌 106～148 g)、成年Ⅱ组(雄 211～276 g,雌 149～190 g)、成年Ⅲ组(雄 277～342 g,雌 191～232 g)、成年Ⅳ组(雄 343～408 g,雌 233～274 g)和老年组(雄大于 409 g,雌大于 275 g)。

(三)阴茎骨判别法

观察啮齿动物阴茎骨形态,并参考已有资料进行对比。图 1-14 表示不同年龄黄鼬的阴茎骨。

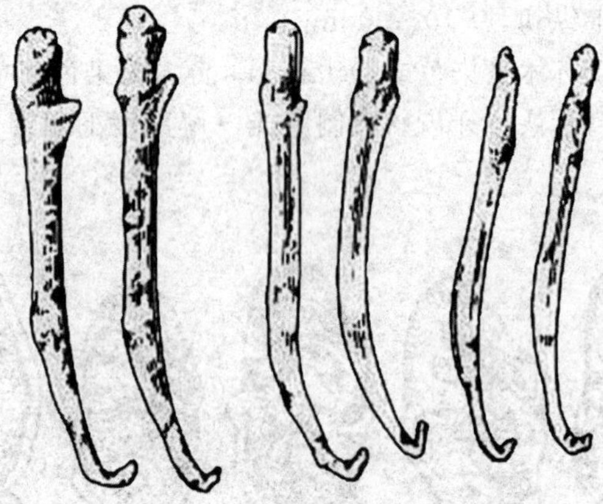

A　　B　　C

图 1-14　黄鼬的阴茎骨

A. 成年型;B. 过渡型;C. 幼体型

(四)眼球晶体判别法

按以下程序处理:动物处死→取完整眼球→8%～10%甲醛溶液中固定 1 周→取出稍晾干,置于 70～80℃烘箱至恒重(小动物 24～36 h,大动物 80～90 h)→取出称重。

然后按结果进行判定。

实验五 啮齿动物内脏结构观察

一、实验目的与意义

①通过实验，掌握内脏器官是动物生理功能的基础，脏器质量及脏器指数能反映出动物对环境的适应。

②通过对啮齿动物内脏的解剖、观察，巩固对动物内脏各器官结构功能的认识。

二、基本原理和方法

动物内脏包括消化、呼吸、泌尿和生殖器，广义的内脏还包括心脏、脾脏和内分泌腺。另外还有衬在体腔或反复折叠包裹内脏的浆膜及悬挂连接内脏的肠系膜。

三、主要仪器设备及耗材

啮齿动物、解剖刀、镊子、剪刀、钢丝钳、游标卡尺、卷尺、普通天平、解剖蜡盘、滑石粉、标签等。

四、实验内容及步骤

1.消化系统

观察消化系统，消化道的基本功能是传送食糜。食道与胃相连。

2.生殖系统

雌性生殖系统：由一对卵巢、一对输卵管、双子宫、阴道和阴门等部分组成。

雄性生殖系统：肾脏前方有一小圆形的肾上腺。

3.循环系统

心脏及其附近的大血管：①与心脏相连的大血管；②心脏的结构。心脏位于胸腔中。

静脉系统:①前大静脉;②后大静脉;③肝门静脉。

动脉系统:①无名动脉;②左总颈动脉;③左锁骨下动脉;④肋间动脉;⑤腹腔动脉;⑥前肠系膜动脉;⑦肾动脉;⑧后肠系膜动脉;⑨生殖动脉;⑩腰动脉;⑪总髂动脉;⑫尾动脉。

4.解剖步骤

一切解剖器材均应消毒灭菌,工作人员做好隔离防护。某些感染的啮齿动物需在特殊的实验室进行消毒。

将处死的啮齿动物腹面向上固定于蜡盘中;用棉球蘸水擦湿腹中线上的毛,然后用镊子在外生殖器稍前处提起皮肤,沿腹中线向前剪开皮肤,直至下颌底;再从四肢内侧横向剪开皮肤;分离肌肉和皮肤,将皮肤展开并用大头针固定。

沿腹中线剪开腹壁,沿胸骨两侧剪断肋骨,除去胸骨,将肌肉向两侧展开并用大头针固定,沿边缘剪开横膈膜及第一肋骨和下颌之间的肌肉,原位观察胸腔和腹腔内各器官的位置(图 1-15 示兔解剖结构)。

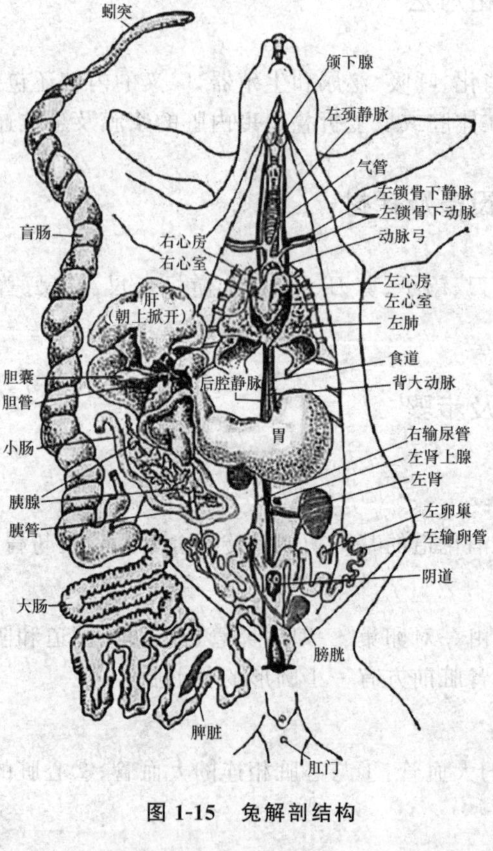

图 1-15 兔解剖结构

5.解剖后处理

解剖完毕,用垫在解剖板上的纸张将尸体包好,送焚烧炉焚烧。解剖用过的器材应高压灭菌消毒,或者煮沸消毒,解剖板和解剖台应用3%甲醛擦洗干净。

实验六 啮齿动物剥制标本的制作

一、实验目的与意义

①掌握制作啮齿动物标本用到的几种常见工具的使用方法和操作技能。

②通过啮齿动物剥制标本和骨骼标本的制作，熟悉啮齿动物标本的消毒、麻醉、剥皮、填充、缝制、保存等步骤，掌握啮齿动物标本制作的基本方法和技能。

二、基本原理和方法

动物剥制标本的制作是指脊椎动物而言，也就是说脊椎动物的大部分种类都可以制成剥制标本，但在实际应用中，主要适用于哺乳类和鸟类，以及一些不宜采用浸制方法的其他各纲的大型种类，如鲸、鲨鱼、海龟等。

三、主要仪器设备及耗材

(一)常用工具和材料

1. 解剖工具

常用解剖工具如解剖刀、镊子、剪刀、骨剪等。

2. 木工、金工工具

此类工具如钢丝钳、台钳、榔头、电钻、锯等。

3. 石膏粉(或滑石粉)

石膏粉有吸水功能，主要用于剥制过程中撒在肌肉和皮肤之间，防止粘连，并防止血液、脂肪等污染毛皮。

4. 铅丝

铅丝用于标本支架。可根据鼠类的大小选用不同的型号。

5.填充物

填充物主要用于填入标本体内,可选用棉花、竹丝、麻刀、棕等。

6.玻璃义眼

玻璃义眼可用来代替啮齿动物的眼睛。

7.针线

针线供缝合标本剖口用。

8.标本台

标本台供固定啮齿动物标本用。

9.标签

标签用于记录动物标本的名称、性别、采集地点等。

(二)常用药品与防腐剂

1.常用药品

(1)三氧化二砷(As_2O_3)　也称砒霜,白色无臭粉末,剧毒,有防腐功能。

(2)硫酸铝钾[$K_2SO_4 \cdot Al_2(SO_4)_3 \cdot 24H_2O$]　也称明矾,无色、透明晶体,具有防腐、硝皮作用。

(3)樟脑($C_{10}H_{16}O$)　具有防止虫蛀标本作用。

(4)硼酸(H_3BO_3)　有防腐作用,但效果较差。

(5)苯酚(C_6H_5OH)　也称石炭酸、来苏儿。有消毒防腐作用,可防止残留肌肉变质。

2.防腐剂的配制

(1)砒霜防腐粉　主要用于爬行类、哺乳类。配制时砒霜、明矾、樟脑按2∶7∶1比例研成粉末,混匀即可。

(2)硼酸防腐粉　可代替砒霜防腐粉,但较砒霜防腐粉差,使用较安全,用硼酸粉、明矾粉、樟脑粉按5∶3∶2比例混匀即可。

四、实验内容及步骤

(一)剥制前的准备

将捕获的动物装入布质的鼠袋中,并附一张注明采集时间和地点的卡片,将袋口扎紧。需要处死活鼠时,可用粗长针经耳孔刺入延脑深处即可。杀死大型的鼠类时,最好用折断其颈椎的方法处死。原则上一鼠一袋,也可一袋装一种鼠。

将死鼠及鼠袋一并放入可密闭的容器内,放入适量的乙醚或氯仿,进行灭虫灭蚤处理,在疫源地区,操作时一定要加强防护,注意安全。

供剥制标本的动物,应力求新鲜完整,但新捕获的鼠一般要等死鼠血液凝固之后,才可操作。具有保存价值的鼠种,即使有些损坏,也应制成标本。如果捕获物过于腐败或损坏实在不能剥制时,也应进行称重、测量、编号、剖检和登记,以备统计和查考。

在剥制标本之前,先要称重,测量体长、尾长、后足长和耳长。同时,将测量的结果分别登记在采集簿(登记卡片)和标签上,并编号。

(二)标本的剥制

剥皮时,将鼠体仰放在解剖盘和塑料布上,用解剖刀沿腹部正中肛门前部开始向胸骨后端切开皮肤,操作时用力不要太猛,以免将腹腔切破而污染皮毛,然后用刀背或小镊子将切口与后肢相连的皮肤与肌肉分离,将后肢分别往切口处推出,剪断膝关节并除去小腿上的肌肉。剥离背部等处的肌肉,再把生殖器、直肠与皮肤连接处剪断,清理好尾基部周围的结缔组织,用左手捏紧尾基部,右手捏住尾椎骨缓慢往上拉,直至完全抽出(图 1-16)。切记不要用力过猛,否则会抽断尾椎。接着翻转前半部的皮肤,翻到胸部时,最好用解剖刀把胸部的皮肤和肌肉分离一下,以

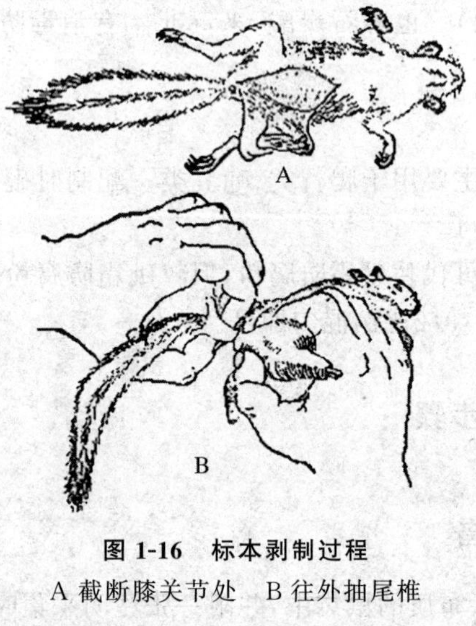

图 1-16　标本剥制过程

A 截断膝关节处　B 往外抽尾椎

免刀口延长或撕破皮肤。一手握住鼠体，另一手慢慢用力拉，使皮肤和肌肉分开、露出肩部后，应换手捏住肩部一侧前肢（肩胛骨），另一手将前肢的皮肤与肌肉分开，将皮肤翻到前掌部为止，在肘关节处剪断，去掉前肢上的肌肉。最后，剥颈部和头部。也是从后向前，使毛向内翻转。剥到头部时，在紧贴听泡的地方切断耳根。紧接着在皮与眼球之间可以看到一个白环，那就是眼睑，从白环与眼球之间剪开，注意不要损坏眼睑。随后剥离下颌和下唇，慢慢将下颌的皮与颌骨分开。剥上唇时，要先剥口角和鼻部的后端，最后才剥鼻尖。头从颈部剪下。用铅笔在纸条上标明号码，卷紧，放入鼠口腔内，另行处理。

（三）标本的填装与缝合

首先把皮上的残肉和脂肪清除干净，把破裂的地方缝好，然后涂上防腐剂，特别是头、耳、四肢及尾部都要涂到。取一根比原尾椎长 5～10 cm（视标本大小而定）的鸡翅羽的羽轴或削制的竹签，插入尾皮中代替原来的尾椎。在前、后肢骨上缠上棉花，多少与原来骨骼肌相似。然后把皮翻转过来，毛向外仰卧在平板上。先填装头部、颈部和胸部。用镊子夹紧棉花或其他代用品，慢慢填装。要求不要做成圆团，比原体略大些。再填装前肢的内外两侧和胸部。注意，肩部要衬出，胸部不要填装过多。再填装后肢和臀部。取两小块棉花球，用镊子插到前肢与皮肤之间，使前肢朝前，紧靠胸部，掌面朝下。最后填装腹部，使后肢紧靠臀部，向后伸直并拢，掌面朝上。尾紧靠后肢，贴紧平板。臀部也要显示出来。填装完毕之后，将口唇合拢，把腹面的切口从前到后缝合。

（四）整形与固定

标本制作的好坏与整形关系很大。整形时，需将标本横放在桌面上，头部向左，将前肢往里缩，掌面朝下，后肢伸直，跖面朝上与尾平放，眼部用小镊子将棉花挑开，似微凸的眼球，毛要理齐，两耳要竖立，头部稍尖，臀部要拱起（图 1-17）。标签系于右足，将标本置于固定板上，四肢用大头针固定，阴干后就制成剥制标本了。

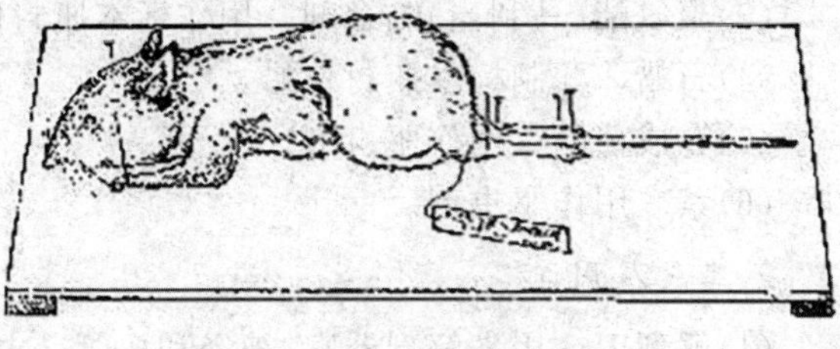

图 1-17 标本的固定

实验七 啮齿动物浸制标本的制作

一、实验目的与意义

浸制标本的关键是需浸制系统的解剖和处理，下面以草兔的生殖系统标本浸制为例介绍具体制作方法。

二、基本原理和方法

浸制标本保护技术利用药剂浸渍液的化学性质，处理和保存标本，防止标本发生物理、化学性质的变化。同时，采取其他技术手段，限制或消除环境因素的不利影响，延长标本寿命的工作。浸制标本的固定和保存，均采用化学方法。整个过程是在化学药剂的水溶液里进行的。这种方法适用范围广，各种生物材料，特别是含水量大的动植物材料。浸制后的标本形态保存效果好，但颜色的保存效果不理想。

三、主要仪器设备及耗材

1.常用药品及作用

(1)40%甲醛溶液(福尔马林)或95%乙醇 用作防腐剂。

(2)乙醚 麻醉动物用。

(3)聚氨酯(马利当)黏合剂 用作标本瓶封口。

(4)石蜡 配制标本瓶封口蜡。

(5)合成樟脑 用作驱虫剂。

(6)萘 用作驱虫剂。

2.工具及用途

(1)解剖刀 用来解剖器官、神经和血管。

(2)剪刀 用来解剖和剪除多余的组织，制作神经标本，剪除骨骼，最好用民用剪指甲的一种阔头剪刀。

(3)镊子 用来夹取材料。

(4)解剖板(蜡盘)　用来固定材料。

(5)20 mL 注射器　注射防腐剂用。

(6)标本瓶或标本缸　用来盛浸制标本。

(7)大头针　标本定型用。

(8)玻璃片　插入标本瓶内,用作绑扎标本。

(9)塑料薄膜和纱布、蜡线　用作标本瓶封口。

四、实验内容及步骤

1.取材

选择成年的雌、雄草兔,割断颈动脉,放血杀死。

2.解剖

将剥去皮的草兔冲洗干净,放在解剖板或盘上,剖开腹部。除去骨盆肌更好地露出耻骨和坐骨。用骨钳在耻骨、坐骨全长的中心将其切断,取出排泄生殖系统。取出后所剩头、胸部材料不要弃掉,可以制作呼吸系统标本。

(1)雌兔的生殖系统　卵巢一对,呈扁椭圆形,由特别的系膜挂在腹腔背面的两侧。输卵管是挂在系膜上的一对弯曲细管,前端呈漏斗状,跟腹腔相通。每一根输卵管的后端扩大而成子宫。左右两侧子宫融合于阴道。生殖孔是宽阔的纵裂隙,以阴唇为周界,所以要切去周围少量体壁,才能取出全部泄殖系统。

(2)雄兔的生殖系统　睾丸一对,白色,呈卵圆形,每一个睾丸的背侧有附睾。输精管是细长的管道,从睾丸发出,经过腹股沟管进入腹腔,开口于尿道,尿道在耻骨联合背侧进入阴茎。尿道的背侧还有精囊腺和前列腺。阴茎由两个海绵体组成。除去海绵体周围的体壁,就能取出全部泄殖系统。

3.定形

确定插入标本瓶内玻璃片的宽度,将取出的雌、雄生殖系统依次排列在解剖板上。用福尔马林液浸泡。

4.修整保存

将标本用水漂洗,放在解剖板上剪去多余组织。

5.固定保存

用福尔马林浸泡固定。待固定好后,再将标本用白线固定在大小适宜的玻璃片上,放入适当的标本瓶中,加入福尔马林浸泡保存。

实验八　啮齿动物骨骼标本的制作

一、实验目的与意义

通过制作啮齿动物骨骼标本，熟悉啮齿动物标本制作过程中的消毒、麻醉、剥皮、填充、缝制、保存等步骤，掌握啮齿动物标本制作的基本方法和技能。

二、基本原理和方法

骨骼的功能是支持啮齿动物的体形，保护内部器官，供肌肉附着，作为肌肉运动杠杆的支架。骨骼标本是供研究骨骼系统用的。一般通过将骨骼剔肉、脱脂、漂白，并按照动物的自然状态、位置串连安装成整体的方法制作成骨骼标本。

三、主要仪器设备及耗材

1.常用药品及作用

(1)氢氧化钠(烧碱)　有强腐蚀性，用于腐蚀附在骨骼上的肌肉。氢氧化钠有强腐蚀性，处理时要特别小心。

(2)过氧化氢或漂白粉　作为漂白剂。

(3)汽油　用作脱脂剂。

(4)乳胶　用来粘连骨骼。

2.使用工具及功能

(1)解剖刀　用来剥皮和剔肉。

(2)剪刀　用来剪除肌肉和软组织。

(3)镊子　用来夹取细骨和串装骨骼。

(4)钢丝钳、钻子　用来串装骨骼。

(5)漂骨骼缸　用来浸泡骨骼。

(6)镀铬的夹钳　用来捞取骨骼。

(7)尼龙线　串装时用来缚扎骨骼。

(8)骨骼玻璃盒　用来盛放骨骼。

四、实验内容及步骤

(一)骨骼标本制作

制作骨骼标本前,应先熟悉此种动物的骨骼位置和形态,以免在制作时造成不必要的损失。

1.处死

制作骨骼标本,要挑选口齿完整、新鲜的成体啮齿动物。可以将盛鼠的捕笼放入密闭容器内,用乙醚或氯仿麻醉致死。也可将鼠用水淹死。

2.剥皮

将刚杀死约 5 min 的鼠,切断颈动脉放血,然后用水冲洗身上的污物和血渍,再进行剥皮。从胸部中线剖开皮,直到剖到肛门前为止,再切开口腔上下颌黏膜。剥皮时,先从腹部渐向背部剥离,剥到后肢,切断股关节,在尾骨处切断尾部,剥到前肢切断肩关节。剥皮后,再沿腹部正中线剪开体壁,挖去全部内脏,然后用水冲洗干净。

3.剔肉

天热时如果剔肉工作当天不能完成,需要冷藏。如果没有冷藏设备,最好在上午就开始剔肉,先剔去骨骼上的大块肌肉,然后浸入配好的 0.4%～0.8%氢氧化钠溶液内过夜。第二天洗去烧碱残液后再剔碎肉,先剔躯干肉,用解剖刀尖先从背部脊椎开始,顺着从颈椎到尾椎,将背部肌肉翻起,露出脊椎骨,然后用左手拉着背部翻起的肌肉,右手握解剖刀,刀口贴着脊椎骨将肌肉和骨骼分离。以连着整块肌肉从背面向着腹面割离比较顺利,而且留附在骨骼上的碎肉也少。剔除连着的大部分脊柱上的肌肉后,再剔肋骨,顺着一排的肋骨向胸部剔离肌肉,剔到肋软骨时,小心不要割断软骨,并且要注意最末一对肋骨。然后剔除肋骨和肋骨之间的肌肉,再除掉腰带上的肌肉。

其次剔前肢骨肌肉。先在肩胛骨的肩峰突和胸骨柄处取下锁骨,剔去锁骨上的肌肉,放入盛有 0.4%～0.8%氢氧化钠溶液的小瓶内,浸到骨上的碎腐肉透明时即可剔除腐肉,将锁骨晒干。剔去肩胛骨、肱骨、桡骨、尺骨、腕骨和掌骨上的肌肉。剔时将前肢平放在台板上,用解剖刀割离前肢肌肉,割到骨骼时用刀尖贴着骨骼割离。剔到腕掌骨处，用锋利剪刀剪净腕骨、掌骨和指骨上的肌肉。剔净的肩胛骨、肱骨、桡骨、腕骨和掌骨都有关节韧带连着，注意不要剔除关节韧带。

再剔后肢骨肌肉。将后肢平放在台板上，用解剖刀顺着大腿，经膝盖，直到小腿下部，剖开后肢的肌肉，露出骨骼，将解剖刀尖贴着骨骼，割离整段后肢肌肉，取下膝盖骨，放入浸有锁骨的瓶内和锁骨一起浸漂。剔净的后肢骨骼只有关节韧带连着。

然后剔除头骨肌肉。小心切开舌根和咽部的肌肉，取出舌骨，剔净舌骨上的肌肉，也放入浸锁骨的瓶内，挖掉眼球，剔净头骨上的肌肉，卸下下颌骨，用白线将下颌骨缚在颧骨上，以防下颌骨散落。用水冲掉颅腔内的脑。最后将尾椎骨上的肌肉剔除。

4.去骨髓

四肢骨的骨髓藏在密封的骨髓腔内。要清除骨髓，必须在骨上钻洞(用简单实用的自制骨钻钻洞)。要用较粗的钻头钻洞，这些钻穿的洞还可作为骨骼串装时穿入搓筋用，但不能钻穿，只要钻到骨髓腔就成。将注射器针头分别插入钻好的洞内，开启水龙头冲掉骨髓腔内的骨髓，再冲掉脊柱椎管内的脊髓。

5.腐蚀

腐蚀时用0.4%～0.8%氢氧化钾或氢氧化钠溶液，将骨骼全部浸没在溶液里，调换三次浸液，第一次浸24 h左右，第二次浸48 h左右，最后一次浸7 h左右。每次调换新溶液时必须倒掉残液，并剔除附在骨骼上的透明碎肉。最后取出骨骼，用清水冲洗，并剔去还未除净的细腐肉。倒掉残液，用清水将盛器冲洗干净。

将经过氢氧化钠溶液处理的骨骼浸没在0.4%～0.8%氢氧化钠溶液里8～12 h，并调换新溶液三次，直到骨骼显露出淡黄色为止。取出骨骼，用水冲洗，再清除骨骼上未除净的腐肉。然后用夹钳将骨骼夹入2%热漂白粉溶液中，并用牙刷刷去附在骨骼上的剩留碎肉。然后将骨骼放在阳光下晒干，取干燥骨浸在汽油里脱脂7～10 h。

6.漂白

将脱脂的骨骼浸入4%过氧化氢中漂5～6 h。等骨骼洁白时就可取出。

7.串装

准备一块玻璃板或较平滑的木板作为垫板，一块宽10～15 cm、长20～25 cm的较平滑的木板作为搓板。将桑皮纸剪成宽1～1.5 cm的长条，数量多少按所制骨骼而定，边上涂糨糊，以螺纹形卷在16和18号铅丝上(16号铅丝穿入脊柱椎管骨内，长度从头骨鼻部开始一直到尾部上，18号铅丝穿入前后肢内)，用搓板将铅丝和桑皮纸压在台板上搓卷。等搓筋干后再在筋外涂一层白漆，就成为串装骨骼用的搓筋。

将搓筋从寰椎开始穿入椎管内，从荐椎通出，弯成脊柱形状。用洁净的白卡纸或薄塑料硬片卷成圆锯状，塞入肋骨内，并拨正肋骨，用大头针将肋软骨固定在圆锥卡纸上。然后跟四肢骨、头骨、尾椎骨一并挂起来晒干。骨骼晒干后，剪去附在骨骼上多余的腱和干缩的软组织。如果脊柱或肋骨的姿态不理想，可以用热水浸软后纠正姿势。按序号配齐全套骨骼。在骨盆的髋臼中央钻穿两个小洞，使搓筋能穿过。将后肢骨骼拆开成股骨段，膝盖骨上钻好洞，用搓筋沾些快干胶水，插入膝盖骨内，搓筋的另一端露在膝盖骨外 3～4 cm，以便塞入胫骨内用。在股骨半球形股骨头的内侧，用凿子挖成能嵌入搓筋的凹槽，利用股骨、胫骨和跟骨上所钻的洞，穿入搓筋，将后肢骨串连好。将串好的左面后肢骨露出的一半搓筋穿过骨盆的髋臼洞，再用同样方法串装右面的后肢骨。将肩胛骨连有前肢骨的骨骼，拆开分成肩胛骨段、肱骨段和尺、桡、手骨段三段。在肩胛骨节窝上钻一个洞，深 1～1.5 cm，再在肱骨的圆形头上也钻一个洞，深 3～4 cm，用搓筋的两端沾上快干胶水，分别插入肩胛骨和肱骨内，使两骨连接牢固，并将肩胛骨和肱骨的弯势扭好。在月骨和舟骨间钻一洞，一直钻到桡骨，深达 2～3 cm，将沾有胶水的搓筋插入，另一端搓筋露在手骨掌面外 8～10 cm，以备塞入底板，支持骨骼用。用同样方法串好另一侧前肢骨。

8.上盒

将串接好的各部分骨骼按次序置于底板上，用尼龙线和螺丝钉固定、连接，然后插入玻璃盒中。在观察骨骼标本后，最好立即将固定骨骼标本的底板，插入骨骼盒中。不要剧烈震动和撞击骨骼标本，以防细小骨骼断裂和脱胶。不能把标本置于阳光直射的地方，以防骨骼日久发黄和玻璃盒油漆褪色。也不能将标本放在潮湿的地方，避免脱胶。

(二)头骨标本的制作

把头骨用水煮到能撕下肌肉时取出，挖掉舌、眼球和脑髓，再把所有的肌肉清除干净，用水冲洗后晒干即可。最后用绘图墨水分别在头骨顶部和下颅骨一侧标明号码，将头骨系在剥制标本左腿上(图 1-18)，或装入小指瓶、塑料袋中与同号标本放在一起。

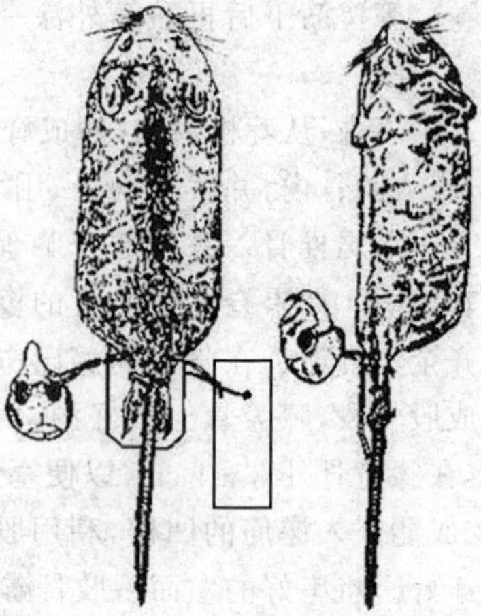

图 1-18 头骨系于剥制标本左腿

第二章　啮齿动物调查实验

啮齿动物调查方法是做好啮齿动物生态学研究和有害啮齿动物防治的基本技能，包括啮齿动物的种类、数量、区系调查、危害调查等，由于调查目的不同，所采取的调查方法也不尽相同。本组实验共包含7个不同方向调查方法的实验，通过该组实验，巩固和提高课堂所学知识，进一步培养独立工作能力。要求学生熟悉不同啮齿动物数量和区系的调查方法，掌握各种调查工具、器械的使用方法，重点掌握夹日法的操作技能。学会用正确的方法调查啮齿动物对草地的危害。了解啮齿动物对草地的危害规律，掌握主要啮齿动物对草地的危害特征。

实验一　啮齿动物区系调查方法

一、实验目的与意义

①防治啮齿动物对草地的危害，首先必须对本地区啮齿动物的种类、数量及危害程度进行认真的调查研究，才有可能采取经济有效的防治措施。

②正确认识啮齿动物区系组成的特征和动物分布的规律，以及动物与各种自然条件之间的相互关系。

二、基本原理和方法

动物区系是指由一定的发展过程，在一定的地理区域和在一定的自然条件下所形成的动物综合体。如果这些动物群，以分类的原则来划分，则有鸟类区系和兽类区系；如果以景观来划分，则有草原动物区系和森林动物区系；如果以行政区来划分，则可以称为某省或某县动物区系。如果以经济意义来划分，则有狩猎动物区系和农田害鼠区系等。

三、主要仪器设备及耗材

历史文献资料、望远镜、最高最低温度计、GPS 仪、罗盘、照相机、摄像机、越野车以及标本采集的常用捕鼠工具和药品等。

四、实验内容及步骤

(一)自然概况与生境条件的分析

动物的地理分布与自然环境条件之间有密切的关系，在调查啮齿动物区系时，首先应注意与动物生存有关的地理位置、海拔高度、气候条件、地质与土壤、水文以及植被等的特点。这些资料，不一定都要亲自去调查，也可通过查阅当地有关的文献资料来获得。

(二)区系组成

1.种类组成

种类组成即组成区系的不同种的啮齿动物。

动物区系(狭义)——在一定的历史条件下，由于地理隔离和分布区域的一致所形成的动物整体。

标本采集——在不同生境内，用各种方法日夜捕捉各种啮齿动物。一般说来，调查的时间越长，调查的次数越多，所获得的动物越齐全。将捕获的动物制成标本(标本制作参照第一章)，然后借助检索表及有关专著鉴定种类。

此外，也可根据鼠洞、鼠丘、鼠粪或动物活动的痕迹，间接识别鼠种。不过，此种方法必须在积累了大量实践经验的基础上才能采用。通常仅适用于优势种和常见种，或具有鲜明特点的某些种属，一般仅作为辅助的调查方法。

2.数量组成

根据调查区各种啮齿动物的比例关系，确定该区的优势种、常见种和稀有种。

一般数量统计的结果用级数来表示，定为三级，每级之间相差 5 倍或 10 倍，并以"＋"号代表级数。例如，优势种以"＋＋＋"代表；常见种以"＋＋"代表；稀有种以"＋"代表。用夹日法进行统计时，其标准是：优势种，捕获量比例在 10%以上；常见种，捕获量比例为 1%～10%；稀有种少于 1%。通常在一种环境中或某一地区内，优势种一般只有 1～2 种；常见种的比例较大；而稀有种的种数较少，一般也是 1～2 种。

通常，对某一地区啮齿动物的调查完成后，其优势种、常见种和稀有种的捕获率数值不一定完全符合上述数值范围。一般要依据调查的实际情况，将捕获量比例最高的 1～2 种确定为优势种，捕获量比例少于 1%的 1～2 种确定为稀有种，其余均可视为常见种。

最后将调查结果经过整理分析，提出该地区啮齿动物区系组成的种类及数量的百分比和数量级别，用表 2-1 的形式表示。如果调查范围不大，选代表性地点按生境进行工作，而采用相对数量的对比时，用表 2-2 的形式列出。

表 2-1　某地区啮齿动物捕获量总表

序号	种类	个体数量	捕获量比例/%	数量级
1				
2				
3				
4				
5				
6				
7				
⋮				
N				
合计				

表 2-2　不同生境啮齿类动物数量组成

序号	种类	生境Ⅰ		生境Ⅱ		生境Ⅲ	
		数量	捕获量比例/%	数量	捕获量比例/%	数量	捕获量比例/%
1							
2							
3							
4							
5							
6							
7							
⋮							
合计							
啮齿类动物总数							
夹日数							

3.动物群落组成调查

划分群落的具体指标是种类组成及其优势程度，同时，结合生态条件（主要是地形、植被）来考虑。优势种在群落中起着主要作用，它与群落中其他种类具有一定的结合。对某些具有特殊指示意义的稀有种也应注意。此外，要注意到个别地段由于地形的局部变化以及人类活动的影响，引起某些种类数量的特殊变化与其他一些种类的出现。

群落的命名，以群落组成中的优势种及次优势种的顺序排列，如缺乏次优势种，则仅以优势种命名。

调查群落时，需要在大面积范围内进行，对同景观来说，至少需要 1 km^2 的面积。然后根据地形和植被的变化，确定样方位置和数量，一般样方不应少于 3 个，每个样方面积不小于 0.25 hm^2。调查中，对小型鼠类可用同一种方法，对不同种类采用不同方法和数量指标。根据调查结果，确定出群落组成，并在 1∶50 000 的地形图上，参考地形和植被的界限，描出群落分布图，缩小后制成该地区啮齿动物群落分布图。

实验二 啮齿动物密度调查方法

一、实验目的与意义

①通过实验，巩固和提高课堂所学知识，进一步培养独立工作能力。

②要求学生熟悉不同啮齿动物数量调查方法，掌握各种调查工具、器械的使用方法，重点掌握夹日法的操作技能。

二、基本原理和方法

针对不同的鼠群采取不同的调查方式。地下害鼠，如鼢鼠，一般采取土丘群系数法和开洞堵洞法；地面害鼠，如鼾鼠、田鼠和绒鼠采用中号板夹，鼠兔采用中号或大号板夹。调查时，选择当地害鼠喜食的食料为食饵，一般鼾鼠用炒熟的白瓜子，田鼠用新鲜的胡萝卜，绒鼠用玉米粒，鼠兔用黄豆等。

三、主要仪器设备及耗材

实验仪器：十字形弓箭、皮尺、铁锨、计算器、中号或大号板夹。

主要耗材：炒熟的白瓜子、新鲜的胡萝卜、玉米粒、黄豆等。

四、建立标准地

在野外调查时需要建立标准地。在测报点的覆盖范围内，选择鼠害的常灾区和偶灾区，在踏查的基础上，按不同的立地条件、草地类型选设面积为 1 hm^2 的标准地 20～30 块。

五、实验内容及步骤

(一)地下害鼠——以鼢鼠为例

一般采取土丘系数法和开洞堵洞法。

1.土丘群系数法

每种立地类型选择一块面积1 hm^2的辅助标准地,统计标准地内的土丘群数。根据土丘挖开洞道,间隔2昼夜进行检查,凡封洞者即为有效洞。在有效洞布十字形弓箭,弓箭与洞口的距离为切开洞口直径的2倍。一昼夜检查一次,及时重设弓箭,连续捕杀2昼夜。然后统计捕获的鼢鼠数量和鼠种,计算出土丘系数和捕获率。填写表2-3和表2-4。根据下式计算土丘群系数。

$$土丘群系数=\frac{每公顷实捕鼢鼠数量}{每公顷土丘群数量}$$

然后在各种立地类型标准地内分别统计土丘数,乘以土丘系数,则为鼢鼠的相对数量。

$$鼢鼠密度(只/hm^2)=\frac{标准地内鼢鼠数}{标准地面积}$$

捕获率可作为鼢鼠密度的相对指标,其计算公式如下:

$$捕获率=\frac{捕获的鼢鼠数}{设置的弓箭数\times捕鼠昼夜数}\times100\%$$

表 2-3 鼢鼠土丘系数调查表

乡镇名称：________ 乡镇代码：________ 发生类型(偶发、常发)：________

村 名 称：________ 村 代 码：________ 立地类型：________

该立地类型草地面积/hm^2：________

调查人：________ 调查日期：____年____月____日

辅助标准地号	土丘群数/个	有效洞数/个	设置弓箭/个	实捕鼠数/只			土丘系数	捕获率/%	备　注
				计	雌	雄			

表 2-4 鼢鼠密度调查表

乡镇名称：________ 乡镇代码：________ 发生类型(偶发、常发)：________

村 名 称：________ 村 代 码：________ 立地类型：________

该立地类型草地面积/hm^2：________

调查人：________ 调查日期：____年____月____日

标准地号	土丘群数/个	捕获率/%	鼠密度/(只/hm^2)	备　注

2. 开洞堵洞法

在土丘不明显的情况下，利用鼢鼠的堵洞习性采取开洞堵洞法进行调查。具体方法：每种立地类型选择一块面积为 1 hm^2 的辅助标准地，对怀疑有鼢鼠活动的洞道开洞口 100 个（根据甘肃省的调查经验，每亩切开 6～7 个洞口，不包括废弃洞，不足 100 个均按实际开洞数计算。亩为非法定单位，实际生产中仍有应用，1 亩≈667 m^2），在开洞一昼夜后调查堵洞数，凡堵洞者即为有效洞口。然后采取弓箭（地箭）射杀和挖捕相结合的方法，将其鼢鼠全面捕尽，以实捕鼢鼠数与有效洞口数相比较，得出其相关系数。在固定标准地内以有效洞口数乘以相关系数即可得出鼠密度。填写表 2-5、表 2-6。

表 2-5　鼢鼠相对系数调查表

乡镇名称：________　乡镇代码：________　发生类型（偶发、常发）：________

村 名 称：________　村 代 码：________　立地类型：________

该立地类型草地面积/hm^2：________

调查人：________　调查日期：____年____月____日

辅助标准地号	切洞数/个	堵洞数/个	有效洞数/（个/ hm^2）	实捕鼢鼠数/只	相对系数	备　注

表 2-6　鼢鼠有效洞口调查表

乡镇名称：＿＿＿＿＿＿　乡镇代码：＿＿＿＿　发生类型(偶发、常发)：＿＿＿
村 名 称：＿＿＿＿＿＿　村 代 码：＿＿＿＿　立地类型：＿＿＿＿＿＿
该立地类型草地面积/hm^2：＿＿＿＿＿＿＿＿＿＿＿＿＿＿＿＿
调查人：＿＿＿＿＿＿＿＿＿＿＿＿＿＿　调查日期：＿＿年＿＿月＿＿日

标准地号	有效洞口数/(个/hm^2)	相对鼢鼠数/只	备　注

(二)地面害鼠

一般采取夹日法和统计洞口法。

1.夹日法

一夹日是指一个鼠夹捕鼠一昼夜，通常以100夹日作为统计单位，即100个夹子一昼夜所捕获的鼠数作为鼠类种群密度的相对指标——夹日捕获率。例如，100夹日捕鼠10只，则夹日捕获率为10％。

鼢鼠、田鼠和绒鼠采用中号板夹，鼠兔采用中号或大号板夹。选择当地害鼠喜食的食料为食饵，一般鼢鼠用炒熟的白瓜子；田鼠用新鲜的胡萝卜；绒鼠用玉米粒；鼠兔用黄豆。在整个调查过程中，对同一鼠种，板夹型号、食饵材料要统一。

在每块标准地内，将100个鼠夹按夹距5 m、行距20 m的平行线或按Z字形、棋盘式等形式顺势布放。鼠夹布放后，间隔24 h进行检查，用空夹将已捕获鼠的鼠夹替换，48 h后将捕鼠夹全部收回(有条件的地方，为了获得更准确的捕获率，可将收夹时间延长至72 h，并间隔12 h检查一次)。逐日统计捕获害鼠的数量并分雌雄记载，将结果填入表2-7。

表 2-7　害鼠捕获数量记录表

乡镇名称：＿＿＿＿＿＿＿＿ 乡镇代码：＿＿＿＿＿＿＿＿
村 名 称：＿＿＿＿＿＿＿＿ 村 代 码：＿＿＿＿＿＿＿＿
调查人：＿＿＿＿＿＿＿＿ 调查日期：＿＿年＿＿月＿＿日

标准地号	代表面积/hm^2	收回鼠夹数/只	害鼠捕获量/只			捕获率/%	备　注
			合计	雌	雄		

在备注中注明是 48 h 还是 72 h 的捕获数，并计算捕获率。

$$捕获率=\frac{捕获鼠数}{鼠夹数\times 2}\times 100\%$$

$$捕获率=\frac{捕获鼠数}{鼠夹数\times 3}\times 100\%$$

其中鼠夹数为实际收回的鼠夹数量。

2.统计洞口法

统计一定面积上和一定路线上鼠洞洞口的数量，也是统计鼠类相对密度的一种常用方法。这种方法，适用于植被稀疏且低矮、鼠洞洞口比较明显的鼠种。

统计洞口时，必须辨别不同鼠类的洞口。辨别的方法是对不同形态的洞口进行捕鼠，观察记录各种鼠洞洞口的特征，然后结合洞群形态（如长爪沙鼠等群居鼠类）、跑道、粪便和栖息环境等特征综合识别。同时，还应识别有效鼠洞（居住鼠洞）和废弃鼠洞。有效鼠洞通常洞口光滑，有鼠的足迹或新鲜粪便，无蛛丝。

根据不同的调查目的，选择有代表性的样方，每个样方面积可为 0.25～

1 hm^2。还可根据不同需要，分别采用方形、圆形和条带形样方进行统计。

洞口系数是鼠数和洞口数的比例关系，表示每洞口所占有的鼠数。

洞口系数的调查，必须另选与统计洞口样方相同生境的一块样方，面积为0.25～1 hm^2。先在样方内堵塞所有洞口并计数（洞口数），经过 24 h 后，统计被鼠打开的洞数，即为有效洞口数。然后在有效洞口置夹捕鼠，直到捕尽为止（一般需要 3 d 左右）。统计捕到的总鼠数，此数与洞口或有效洞口数的比值，即为洞口系数或有效洞口系数。在查清洞口数或有效洞口密度基础上，用下式求出鼠密度。

$$\text{洞口系数（或有效洞口系数）}=\frac{\text{捕获鼠总数}}{\text{洞口数}}\times 100\%$$

$$\text{鼠密度}=\text{洞口系数}\times\text{洞口密度}$$

$$\text{鼠密度}=\text{有效洞口系数}\times\text{有效洞口密度}$$

3.标志重捕法

标志重捕法是指的是在一定范围内，对活动能力强，活动范围较大的动物种群进行粗略估算的一种生物统计方法，是根据自由活动的生物在一定区域内被调查与自然个体数的比例关系对自然个体总数进行数学推断。在被调查种群的生存环境中，捕获一部分个体，将这些个体进行标记后再放回原来的环境，经过一段时间后进行重捕，根据重捕中标志个体占总捕获数的比例来估计该种群的数量。是种群密度的常用调查方法之一。适用于活动能力强，活动范围较大的动物种群。

(1)操作过程　用捕鼠笼按一定规程捕捉活鼠。布笼方式一般采用棋盘式或同心圆式。棋盘式布笼，笼距因鼠种不同而异，如田鼠一般为 10～15 m，姬鼠和仓鼠一般 10 m；笼数最好有 100 个。先将捕鼠笼在待调查地段按行、列布成方阵，预诱 2～3 d，即敞开笼门。让鼠自由进出鼠笼，取食诱饵，不捕捉，使鼠适应捕鼠笼。诱饵因鼠种而异，一般经验是花生米较好。捕鼠前先将布笼点定好坐标，例如，Ⅲ-5，即为第三行第五列鼠笼。预诱后开笼捕捉，捕捉期间，每天至少查两次鼠笼。捕到的鼠应进行标记。标记的方法很多，如切趾，带标明编号的耳环、脚环等。国内常用切趾法，此法可靠，不易损失标志号。

同心圆式布笼，一般针对群居性啮齿类进行，一个样地由数个同心圆组成。圆心选择巢区集中区域一点，同心圆半径依不同种类而不同。标志与记录方法同棋盘式布笼。

切趾法即切去鼠前后足的不同的指（趾）来表示该鼠的号数。如个位数字用右后脚趾表示，十位数字用左后脚趾表示，百位数字用右前脚趾表示，千位数字用左前脚趾表示。鼠的后脚有5趾，可由内向外(即由拇趾至小趾)每切去1趾代表号数1～5，切去内侧2趾(即拇趾和食趾)为6，切去食趾和中趾为7，切去中趾和无名趾为8，切去小趾和拇趾为9。鼠的前脚多为4趾，由内向外每切去1趾代表号数1～4，切去内侧2趾为5，切去由内向外第二和第三指为6，切去第三和第四指为7，切去第一和第三指为8，切去第二和第四指为9，不切为零。为了容易辨别个别脚趾所代表的数字，可以事前绘一张全部四足每一脚趾都有数字的图，以后便可根据图中所列数字进行计算。

标志重捕工作需由两人协作进行。一人专司标志，另一人负责登记及协助工作。在做标志时，用大小适当的布袋套住鼠笼笼门，提起活门，驱鼠进入袋内，用手捏住袋口，并将其连续折叠，以防鼠从袋口逃出。先称量体重(布袋和鼠的总质量减去布袋的质量)，然后隔着布袋将鼠捏住，打开袋口，用一只镊子将鼠后腿夹住拉出袋口，先将鼠趾消毒，再切趾、编号(齐趾根切去)。最后用镊子将鼠的尾根夹住，使鼠腹面向上，用另一只手持镊子轻轻拉肛前皮肤，如发现有两处开孔即为雌体，否则为雄体。逐项记录鼠的种别、性别、标志号、捕获日期、笼子号数、体重等。标志完毕，立即就地释放。

(2)种群数量估计　一般采用林肯指数法。

林肯指数法：适用于一次标志，一次重捕。假设样地中的动物均匀分布，被捕获机会相同，实验期间动物无出生和死亡、无迁入和迁出。设种群总体鼠数为N，第一次捕捉时标志数为M，重捕的样品鼠数为n，重捕样品中已标志鼠数为m，则：

$$N=\frac{M\times n}{m}$$

其标准误(SE)为

$$SE=N\cdot\sqrt{\frac{(N-M)(N-n)}{M\cdot n\cdot(N-1)}}$$

95%置信区间为$N\pm SE$。

(3)注意事项　选择的区域必须随机，不能有太多的主观选择；对生物的标记不能对其正常生命活动及其行为产生任何干扰；标记不会在短时间内损坏，也不会对此生物再次被捕捉产生任何影响；重捕的空间与方法必须同上次一样；标记个体与自然个体的混合所需时间需要正确估计；对生物的标记不能对它的捕食者有吸引性。

(三)举例——沙鼠密度调查

在 1 hm^2的辅助标准地内,设置 100 个 10 cm×15 cm 鼠夹。以新鲜胡萝卜为食饵,堵洞后在洞口附近布设鼠夹。统计堵洞数、有效洞数、百夹捕获数,连续调查 5 d,将调查结果填入表 2-8。用下列公式计算百夹捕获率和鼠密度。

有效洞口系数=有效洞数/堵洞数

校正百夹捕获率=百夹捕获数×有效洞口系数×100%

调查日辅助标准地害鼠数量=堵洞数×校正百夹捕获率

害鼠密度(只/hm^2)=$\sum$逐日辅助标准地害鼠数量/辅助标准地面积

表 2-8 沙鼠密度调查表

乡镇名称:________ 乡镇代码:________ 发生类型(偶发、常发):________

村 名 称:________ 村 代 码:________ 立地类型:________

该立地类型草地面积(hm^2):________

调查人:________ 调查日期:____年____月____日

调查日	辅助标准地号	堵洞数/个	有效洞口/个	百夹捕鼠数/只			有效洞口系数	校正捕获率/%	害鼠数量/只	备 注
				总计	雌	雄				
第一天										
第二天										
第三天										
第四天										
第五天										
合计										

实验三　啮齿动物洞穴配置与结构调查方法

一、实验目的与意义

①通过实验，巩固和提高课堂所学知识，要求学生了解啮齿动物洞穴的主要结构，进一步了解啮齿动物的生活环境、分类地位和其与环境的关系。

②学习正确的啮齿动物洞穴调查方法，根据啮齿动物洞穴的结构及分布区域了解他们的生活习性及对环境的适应能力，了解啮齿动物与环境的关系。

③通过现场讲解和现地操作，了解调查啮齿动物洞穴调查的全过程。

二、基本原理和方法

独居性鼠类的洞穴，在生境中的配置一般比较分散；群居性鼠类的洞穴，多密集成群。更由于生境内的地形和土壤结构的变化，有的弥散成片，有的形成带状，也有的形成岛状，调查时首先应予以注意。鼠类的洞穴有永久洞和临时洞，也有夏用洞和冬用洞，还有简单洞系和由洞系聚集成的洞群。鉴别各种鼠类不同类型洞穴的方法是，在不同季节挖掘和剖视不同类型的洞穴，每种类型的洞穴至少每季挖掘 5 个以上，研究其结构和利用的情况，

三、主要仪器设备及耗材

铁铲、测绳、细麻绳、坐标纸、照相机、铅笔、布袋、探钎等。

四、实验内容及步骤

(一)调查前注意事项

挖掘洞穴时，首先要把洞内的鼠捕尽，以免挖洞时鼠类另挖新洞，从而破坏原有的洞穴结构。捕鼠时，还要注意从洞口内找到雌鼠的洞穴、雄鼠的洞穴以及幼鼠

的洞穴，更要注意那些洞穴的结构特征。

(二)实验内容

1. 调查地形

首先详细记录洞穴所在地的地形、方位、土壤结构和植被类型。

2. 调查方法

用2条测绳和细麻绳结成网孔为1 m^2的梯形测网，在现场标出纵横坐标。找到所有的洞口，并按比例在平面图上(坐标纸)绘出洞口的位置、土丘的大小、跑道和周围植被破坏的范围。用草束塞住所有的洞口再依次挖洞。挖洞时，可顺着洞道插入一根树枝条，沿着树枝条挖掘，并要留下一半洞道，以便进行测量和绘图。

3. 测量及绘制方法

先测量洞口直径，从洞口到一个转弯处，或一个转弯处到分支处，都要测量洞道的长度和深度。遇到分支处，先沿一条支洞挖，其余分支要做标志。遇到窝巢、粪坑和仓库时，要测量其大小[长×宽×高(深度)]。收集的鼠窝或仓库内的存物，应放于布袋(纸袋)中，与图统一编号。如遇一窝仔鼠，也要测量其大小并记录其生长状况。绘图用坐标法，即在洞系的每一点用纵横坐标定位，再按比例在坐标纸上绘图。先绘成草图，再按草图绘成平面图和剖面图。

实验四　啮齿动物食性、食量调查方法

一、实验目的与意义

①通过实验，强化理论知识的应用，加强学生的实践动手能力。

②学习并掌握啮齿动物食性、食量调查方法。

二、基本原理和方法

本实验主要通过野外直接观察法、实验室笼内饲养观察法、胃内容物显微组织学分析法三种方法来观测啮齿动物的食性、食量。

三、主要仪器设备及耗材

1. 仪器设备

显微镜、解剖镜、解剖刀、解剖剪、镊子、培养皿、载玻片、盖玻片、200 目尼龙网、16 目筛网、干燥箱、照相机等。

2. 实验药品

5%福尔马林溶液、无水乙醇、1%铁明矾液、1%苏木精染色、Apathy 液等。

3. 捕鼠工具

根据工作任务，携带一定数量的鼠夹、捕鼠笼等捕鼠工具和锤、钳、锉刀、钉、铁丝等简单的修理工具，以及铁锹、铁镐、鼠袋、文具、生活用品等其他物品。

四、实验内容及步骤

(一)食性鉴定

1. 野外直接观察法

(1)扣笼法　将 1 m^2 无底铁丝扣笼放在栖息地内，把笼的侧壁埋入地下约

20 cm,使鼠不致逃逸。在距扣笼适当的距离处(约 5 m)设一挡板,隐蔽观察。放扣笼之前,要详细记录植被的种类、组成和生长状况。将鼠放在扣笼中之后,记述鼠在半小时内采食植物的种类、次数及部位等。以每小时取食次数为指标,折算成百分率,来评价该鼠对各种植物的喜食程度。这种方法还能比较季节和食物条件与该鼠食性之间的关系。

(2)样圆法　用 0.062 5 m^2的铁丝圆圈(直径 28.2 cm),在样地鼠类啃食面上,随机取样 100 次,统计每一样圆内的植物种类、多度和被鼠啃食的种类。然后计算出每种植物在 100 次调查中出现的次数和被啃食的次数。被啃食的次数与出现的次数的比值即采食率。这种方法方便易行。但在调查之前,要把鼠类啃食面与牲畜和其他动物的啃食面区别开来。一般牛、羊成撮啃食牧草,茬面整齐;鼠类对细叶型牧草则是一根根地啃食,茬面不整齐,宽叶牧草被啃食后呈破碎的缺刻状。

某些鼠类在固定的地方进食(如洞口处),留下了大量残余食物;某些鼠类在洞系的仓库里或洞口外储存食物,分析这些残食、储粮,可了解该鼠的食性。某些鼠类有颊囊,其内也储有形态完整的食物,可以准确地鉴别食物的种类。

2.实验室笼内饲养观察法

将捕获的活鼠,放在鼠笼内饲养观察。用 10～20 只试鼠,喂给原栖息地内的各种食物,定时观察记录各种食物被取食的种类和数量。通过观察分析,基本上能确定该种鼠的食性。

3.胃内容物显微组织学分析法

(1)收集实验材料　在实验样区范围内捕捉需研究的啮齿动物,捕获的动物在捕捉当日逐一解剖取胃,可立即制作为内容物显微组织装片,也可以将整个鼠胃浸泡于 5%福尔马林溶液中,带回实验室以后检验。在捕鼠的同时,也要采集样地内所有草本植物标本,作为分类鉴定使用。

(2)制作样地植物表皮组织永久玻片　分别从各种植物叶片的近轴和远轴面,以及茎和根上撕取或刮取小块表皮组织,通过无水乙醇固定 10 min,1%铁明矾液媒染 5～20 min、冲洗,1%苏木精染色、冲洗,Apathy 液封片等步骤制作植物表皮组织显微玻片。

(3)制作胃内容物参考玻片　取出采集的鼠胃,将每个胃的内容物取出,加水充分搅拌,并用 200 目尼龙网冲滤 3～4 遍,将滤网上的碎屑阴干,置 60℃干燥箱中干燥 24 h,用 16 目筛网过筛,使筛下的碎屑大小基本一致,充分搅拌筛下的碎屑,使颗粒随机分布,用与制作植物玻片相同的方法将其媒染、染色,挑取少量食物碎屑置于载玻片中央,加一滴 Apathy 液,用解剖针将碎屑涂散均匀,盖上盖玻片,完成胃内容物临时玻片的制作。

(4)镜检　每一胃内容物标本应制作 5 张玻片，在低倍显微镜(100×)下，每张玻片随机选择 20 个视野，将视野中所见的表皮组织碎片与植物参考玻片做比较，根据表皮组织的种鉴别性特征，将这些表皮组织碎片鉴定到种。记录下每个视野中出现的植物种，统计每种植物在 100 个视野中出现的频次，根据表 2-9 将每种植物出现的频次转换成该种植物在 100 个视野中的颗粒密度(D)，并计算出这种植物在鼠胃内容物中的相对颗粒密度(RD)，计算公式如下。

$$RD_i=\frac{i\text{ 种植物的颗粒密度}}{\text{各种植物颗粒密度之和}}\times 100\%$$

式中：RD_i 为 i 种植物在食物质量中所占的百分比的估计值。一般要求，一次食性分析，至少要观察 10 只鼠的胃内容物。

表 2-9　100 个视野中植物出现频次(n)与植物颗粒密度(D)换算表

n	D	n	D	n	D	n	D	n	D
1	1.01	22	24.85	43	56.21	64	102.17	85	189.71
2	2.02	23	26.14	44	57.98	65	104.98	86	196.61
3	3.05	24	27.44	45	59.78	66	107.88	87	204.02
4	4.08	25	28.77	46	61.62	67	110.87	88	212.03
5	5.13	26	30.11	47	63.49	68	113.94	89	220.73
6	6.19	27	31.47	48	65.39	69	117.12	90	230.26
7	7.26	28	32.85	49	67.33	70	120.40	91	240.79
8	8.34	29	34.25	50	69.31	71	123.79	92	252.57
9	9.43	30	35.67	51	71.33	72	127.30	93	265.93
10	10.54	31	37.11	52	73.40	73	130.93	94	281.34
11	11.65	32	38.57	53	75.50	74	134.71	95	299.57
12	12.78	33	40.05	54	77.65	75	138.63	96	321.89
13	13.93	34	41.55	55	79.85	76	142.71	97	350.66
14	15.08	35	43.08	56	82.10	77	146.97	98	391.20
15	16.25	36	44.63	57	84.40	78	151.41	99	460.52
16	17.44	37	46.20	58	86.75	79	156.06	99.5	529.88
17	18.63	38	47.80	59	89.16	80	160.91	99.9	690.78
18	19.58	39	49.43	60	91.63	81	166.07		
19	21.07	40	51.48	61	94.16	82	171.48		
20	22.31	41	52.76	62	96.76	83	177.20		
21	23.57	42	54.47	63	99.43	84	183.26		

(二)食量测定

采用长方形铁丝网鼠笼(45 cm×30 cm×25 cm)进行试验。捕捉活鼠，单只置于笼内饲养，经 2～3 d 适应期后即可开始试验。每次试验 4 只，分成 2 组(雌、雄各两只)连续试验 3 d。投给鼠类喜食的食物，而且必须是当天采集的新鲜牧草，并要满足它们的最大食量，另留 1 份供对照用。每次投喂食物前，称重记录，下次饲喂前 1 h 收集残余食物称重记录，并清理饲养笼。每次试验都要同时称取对照食物的鲜质量及失水后的质量，计算出试鼠实际消耗的食量。

实验五　啮齿动物巢区调查方法

一、实验目的与意义

①通过实验，巩固和提高课堂所学知识，进一步培养独立工作能力。

②学习用正确的方法调查啮齿动物的巢区，并计算巢区面积。

二、基本原理和方法

巢区是动物为满足取食、生殖、育幼等日常需求而经常使用的区域，是反映动物适应环境的重要特征。巢区的建立在一定程度上使个体或群体占有空间的生态位，排除潜在的竞争者，保证占有者得到生存、繁殖所需的空间、食物及配偶等资源。巢区的研究不仅能探明个体活动范围的大小，并能得到种群密度和种内个体接触程度的信息，灭鼠时还可以帮助确定布饵带之间的距离。研究啮齿动物的活动有很多方法，但工作的基础是探测和记录个体的空间位置及其变动。为此，如采用传统的直接观察法，耗时耗力，又不够精确，故现在多采用标志流放法。

三、主要仪器设备及耗材

1.捕鼠工具

根据工作任务，携带一定数量的鼠夹、捕鼠笼等捕鼠工具和锤、钳、锉刀、钉、铁丝等简单的修理工具，以及铁锨、铁镐等，还要准备鼠袋、解剖刀、解剖剪、镊子及文具、生活用品等其他物品。

2.标志物

标志物如荧光粉、放射性同位素、微型无线电追踪器（包括发射机和接收机等）等，以及相关放置工具等。

四、实验内容及步骤

(一)实验方法

1.标志重捕法

在调查啮齿动物的巢区时，这是常用的方法,其操作过程在第二章实验二中已经叙述,但为调查巢区的布笼方式,除方格式外,还有洞边布笼法和按洞口布笼法两种。

(1)洞边布笼法　捕鼠笼布放于洞边,同时,将调查地上全部居住洞编上号码,不断对鼠进行捕捉。这种方法可以测量鼠从一个洞到另一个洞移动的距离。

(2)按洞口布笼法　适用于不易重复捕捉或活动距离较大的鼠类,如黄鼠等。

这种方法是在布笼的前一天,先堵塞样地内全部鼠洞洞口,并在计算纸上标明洞口的位置,24 h后检查盗开洞口(也要在计算纸上标明)。在盗开的洞口旁,钉上编号的小木桩,然后将洞铲平,用笼将洞口罩住。在连续标志中,出现新查开的洞口时,也要编号钉木桩,用笼捕鼠。每天捕鼠半天,另半天留给鼠自由活动。标记完,就关笼待次日使用。

2.放射性同位素示踪法

一般可用^{32}P、^{35}S、^{50}Fe等放射性同位素对动物进行标记,但以^{32}P应用较为方便,对被标记者危害较小。^{32}P可放出放射线,其半衰期为14.5 d,皮下注射0.5 mol/L Na_2HPO_4生理溶液,在10～12 d,用辐射仪探测鼠类的放射性来记录该鼠的活动轨迹。

3.荧光粉示踪法

采用上海荧光灯具厂的荧光粉(有红、橙、黄绿色3种,可分别标记不同个体),将捕获的鼠放入装有少许荧光粉的塑料袋中,轻轻地摇动,使鼠体沾上荧光粉,立即就地释放,鼠体沾染的荧光粉逐渐散落,标志出动物活动的轨迹。可在夜间用手持紫外线灯从释放点开始照射,沿动物移动轨迹追踪,并每隔1～2 m作一醒目的标记。次日再将活动轨迹标注于计算纸上。该方法适用于地面活动鼠类。

4.无线电追踪法

无线电追踪技术兴起于20世纪60年代,是利用无线电波的发射和接收装置来确定动物的位置并进行追踪定位的动物学研究方法。其可以远距离、更准确地提供动物在自然状态下的活动状况，目前被国内外学者广泛应用在人型动物的栖息地选择、扩散、活动节律、繁殖策略等研究中。随着无线电发射器的轻量化和小型化，为研究小型啮齿动物提供了可能性。国外学者成功将该技术应用在蓝栉鼠、鼹八齿鼠、巨型鼹鼠等鼠种的研究上。国内学者也成功将该技术应用在高原鼢鼠的研究中。

(1)高原鼢鼠麻醉　短时间的研究可采用乙醚麻醉，但必须注意控制乙醚的麻醉程度和用药量。因此，合理控制乙醚用量及麻醉时间是保证麻醉成功的关键。此次试验乙醚用量及时间根据鼠种的体重大小来确定。高原鼢鼠麻醉装置见图2-1，麻醉剂用量和时间见表2-10。

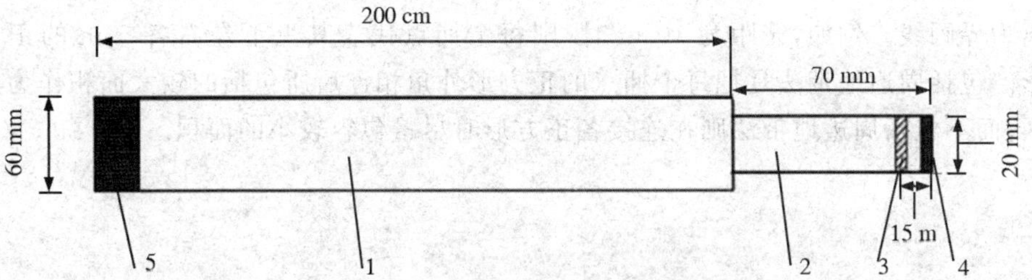

图 2-1　高原鼢鼠麻醉装置

1.鼢鼠固定瓶；2.麻醉剂吸入瓶；3.格网；4.麻醉剂吸入瓶盖；5.鼢鼠固定瓶盖

表 2-10　高原鼢鼠麻醉时间及麻醉剂用量

样本量	体重/g	乙醚用量/mL	麻醉时间/s	恢复时间/min
10	＜150	0.75～1.20	30～45	2～3
22	150～270	1.3～1.6	30～55	1～2
8	270～350	1.6～2.0	45～60	1～1.5

(2)发射器的佩戴　佩戴方法主要有两种：a.环颈式佩戴；b.斜跨式佩戴。环颈式为将发射器固定带绑在高原鼢鼠颈部，斜跨式为将发射器固定带从麻醉后个体的前腿腋下穿过，斜跨绕过颈部固定。

(二)巢区面积计算

用标志重捕法研究啮齿动物的巢区，一般认为应捕捉5～10次，有学者提出用

10 次捕捉估算巢区面积比较合理。

巢区面积的估算方法很多,基本上分两大类:图形法和概率性模型法。图形法一般按捕点分布画出巢区,并直接求出巢区面积,如方格式布笼的最小面积法、周边地带法等。概率性模型法有活动中心法、平均值法等。

1. 平均活动距离法

这是洞边布笼和按洞口布笼式常用的巢区面积估算方法。先测量各捕点间的距离。例如,有一鼠的 5 个捕点为 a、b、c、d、e,则各捕点间距为 ab、ac、ad、ae、be、bd、bc、ed、ce 和 de,再求出距离的平均值,并以每一捕点为圆心,以 1/2 平均距离为半径作圆,最后做外围捕点邻近各圆外侧的公切线,即得封闭圆滑的巢区图。

2. 周边地带法

用方格式布笼,调查时,可用周边地带法划出巢区:以两相邻笼子之间的半距离为界画线。例如,笼距为 10 m 时,则每个捕点代表其上下左右各 5 m 的正方形。包括周边地带法是把每个捕点的正方形外角相连后所包括的较大面积作为巢区;而不包括周边地带法则在连接各正方形时尽量包容较小的面积。

实验六 啮齿动物繁殖调查方法

一、实验目的与意义

通过实验，巩固和提高课堂所学知识，进一步培养独立工作能力。要求学生掌握啮齿动物繁殖情况的调查方法。

二、基本原理和方法

繁殖是影响动物种群数量最重要的因素之一，是种群中补充新增个体的重要来源。种群密度与啮齿动物的繁殖密切相关，具体反映在对性成熟、性器官、性周期、繁殖指数、激素和行为等调节上。研究啮齿动物繁殖情况的基本手段是捕获标本。为此，一般要逐月或逐旬捕获一定数量的研究对象。对标本除作一般的测量记录外，应着重对性器官（内、外生殖器官）的形态变化做细致的观察记录，分析啮齿动物的繁殖情况。

三、主要仪器设备及耗材

显微镜、脱脂棉、火柴棒、酒精棉球、龙胆紫水溶液、载玻片、盖玻片、0.9% NaCl 溶液、蒸馏水等。

四、实验内容及步骤

啮齿动物的繁殖研究方法分为雌鼠繁殖的研究方法和雄鼠繁殖的研究方法。

1.雌鼠的繁殖研究方法

(1)生殖周期　可采用阴道涂片法，观察阴道分泌物和黏稠度，区别生殖周期的各个阶段。具体操作：用光滑的火柴棒，一端裹上少许脱脂棉，插入活鼠或者死亡不久的鼠体阴道内（深度为 0.5～1.0 cm）采样做阴道涂片。涂片用龙胆紫水溶液染色，在显微镜下观察，并对白细胞或角化上皮细胞和有核上皮细胞等分别计数,求出各类细胞所占的百分数。各时期的阴道外观特征见表 2-11。

表 2-11　各时期的阴道分泌物及阴道外观特征

时期	分泌物	黏稠度	阴道外观特征
安静期(间情期)	黏液、白细胞、上皮细胞	涂片时黏液拉成线	阴道口开放或关闭,阴唇不肿起
动情前期	上皮细胞占优势	涂片血清状	阴道口开放或关闭
动情期	角化上皮细胞占优势	涂片具颗粒	阴道口开放,阴唇肿起
动情后期	白细胞占优势,角化上皮细胞,上皮细胞	涂片干燥	阴道口开放,阴唇不肿起
当日交配过	精子	不成黏线状	阴道口关闭
妊娠期	红细胞	黏液拉成线	阴道口关闭
产后不久	血液有形成分		阴道口开放,阴唇肿起

(2)妊娠期与妊娠率　性成熟或者是已经进入动情期的雌鼠,卵巢表面可以看到大而透明的成熟滤泡。

潜伏期和妊娠期子宫外尚无变化,可以看到均匀加厚的现象;有胚胎的部位在透明光观察时,可见玫瑰色或者褐色斑纹,但胚胎数上不易分清。因此,只能借助观察卵巢上的黄体数(即非卵巢数)来判断胚胎数。妊娠中期,在子宫壁上可以看到玫瑰色球形胚胎,胎盘逐渐可见。妊娠后期,透过半透明的子宫壁,可以看到器官分化趋于完成的胚胎。

通过逐月逐旬解剖雌鼠,可计算出种群中雌鼠的妊娠率。

$$妊娠率=\frac{妊娠鼠数}{成年雌鼠数}\times 100\%$$

如果在繁殖期开始就连续收集各发育阶段不同大小的胚胎,则能了解并掌握该鼠种的妊娠期、胚胎发育的全部过程及其形态变化。各种啮齿动物的妊娠期不尽相同,就是同种鼠的妊娠期也有变化。从第一只妊娠鼠到第一只哺乳鼠之间的相隔时间,大致可以推测出妊娠的天数。

(3)胚胎数和子宫斑　进入妊娠中期以后的孕鼠,在其子宫壁上可以看到明显的胚胎(图 2-2)。胚胎数可以作为雌鼠繁殖强度的指标之一。如雌鼠营养不良,可以在子宫壁上发现吸收胚胎(死胎),也应记录下来。

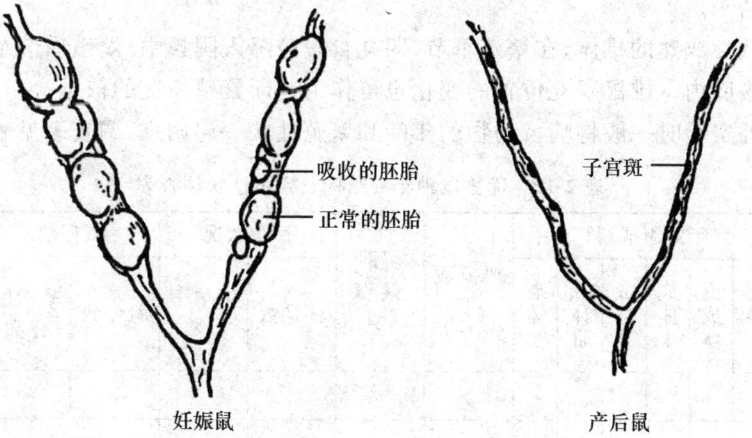

图 2-2　鼠的胚胎及子宫斑

(4)哺乳期　通过哺乳和乳头状态的鉴定，可以确定雌鼠是否处于哺乳期。乳头小而隐于腹毛中，不能挤出乳汁，表明未进入哺乳期；腹部膨大，乳腺明显，乳头也容易发现，但乳头周围无毛区，表明是妊娠最后阶段的雌鼠。乳腺膨大、乳头明显、红润，乳头周围有无毛区，压挤乳头能挤出乳汁，则为哺乳期的雌鼠；而只能挤出透明液体者，表明不久前才结束哺乳；乳头大，周围开始长出短毛，压挤乳头乳汁流出者，表明哺乳期早已结束。

(5)繁殖指数　繁殖指数是指整个繁殖过程，在一定时间内，平均每只鼠可能繁殖的数量。繁殖指数(I)计算公式如下。

$$I=\frac{N \cdot E}{P}\times 100\%$$

式中：P 为总捕获鼠数；N 为孕鼠数；E 为平均胎仔鼠数。

2. 雄鼠繁殖的研究方法

一般通过对睾丸的质量(左右合计)和大小(应以长轴为准)、附睾和精囊腺的研究，来确定雄鼠的繁殖状况。

(1)性未成熟期　睾丸在腹腔内，小而呈脂白色；附睾也不发达；精囊腺小而透明，呈淡白色的小钩状。

(2)性活动期　睾丸降入阴囊，而且增大、坚实；附睾发达，在其尾部可以看到充满精液、清晰透明的输精小管，精囊腺肥大色白。剪破附睾尾做精液涂片，在显微镜下可以看到大量成熟的精子。

(3)繁殖末期　精囊腺明显退化；睾丸萎缩松软；附睾收缩变小，作涂片时，仍可看到精子。

多数性成熟的雄体，在繁殖季节，睾丸自腹腔降入阴囊中，繁殖季节结束后，重新隐入腹腔内。雄鼠睾丸位置的变化也可作为判断繁殖情况的依据。

野外实验时一般将啮齿动物的年龄和繁殖性状一起调查，调查表见表 2-12。

表 **2-12** 优势鼠种年龄结构及繁殖性状调查表

鼠种名称	年龄组成/只						雌鼠数/只	解剖鼠数/只	怀孕状况		胎仔数		备　注
	幼体	亚成体	成体Ⅰ	成体Ⅱ	成体Ⅲ	老体			怀孕数	怀孕率/%	胎仔数	平均胎仔数	

调查时间：__________　　调查地点：__________　　调查人：__________

实验七　啮齿动物破坏量调查方法

一、实验目的与意义

①掌握调查啮齿动物对草地破坏量的调查方法。

②掌握草地鼠害危害等级划分和危害分布图的制作方法。

二、基本原理和方法

由啮齿动物引起的植被、土壤和微地形等外貌上的改变，是种群各方面活动的综合结果，所以对它们的调查研究可以阐明啮齿动物在这个地区危害的程度及其趋势。

三、主要仪器设备及耗材

1. 资料准备

查阅文献资料，其中包括国内外已经发表的关于本地啮齿动物危害状况的论文以及工作地区的地图、地理、地质、土壤、气候和植被等资料。

2. 仪器设备

车辆、测绳、卷尺、测网、纸、笔等。

四、实验内容及步骤

(一)破坏量调查

1. 抽样

首先在调查期地区做粗放的选样调查，调查按景观特点选择代表性地段作为样地，样地面积最好不超过 2 km×4 km，景观复杂的地方可以多选一些。将样地中各种生物生境类型加以分类，并利用大比例尺的地形图绘测整个地区的生态类型分布图。如果调查地区已有地形图或植被分布图，上述工作就比较容易进行。

在样地的各主要生境类型中随机抽样。可以在地图上画出方格，每一方格给一编号，用抓阄或查随机数字表进行抽样；也可以在图上做一个直角坐标系，查随机数字表，每查两个数字为一组，分别为 x 轴和 y 轴上的值，用以确定样方的位置，每一生境应设 3 个以上的样方。

当抽样地面积的 1%～2%作为样方，样方为正方形或长方形，大小随情况不同而略有伸缩。大型啮齿动物至少应包括一个家族的基本活动范围。群栖性小型啮齿动物应包括 3～4 个洞群。

2. 填图

自样方一侧开始。将梯形测网放在地上，然后逐格将破坏情况按比例填入计算纸上，填完一条，测网向前移动一格，继续填图。填图的内容包括啮齿动物挖出的新旧土丘和土丘流泻的面积、洞口、废弃和塌陷的洞道、明显的跑道以及其活动造成的秃斑和植被“镶嵌体”等。

3. 记录和计算

在填图的同时，每一样方填写一张样方记录卡。计算用数小方格法或用求积仪法测定土丘、洞口等所占的面积。这些面积（S_i）的总和可视作总破坏量（S），其破坏率为 q，设 A 为样方面积的总和。则

$$S = \sum S_i, q = S/A$$

在啮齿动物对草地破坏很严重的时候，各项破坏面积连成一片，植被十分稀疏，此时不必逐项细分，将整个地段圈出即可。

啮齿动物啃食活动所减少的产草量，可分别在鼠群活动地段和非活动地段测量产草量，再加以比较求出。测量的样方为 1 m^2（1 m×1 m 或 0.71 m×1.41 m），草应齐根剪下，称鲜重或风干重。

$$C = W_1 - W_2$$

式中：C 为减小的草量；W_1、W_2 分别为草群活动区内、外的平均产草量（g/m^2）。

活动区范围依洞穴的有无或多少来判断，也可以用埋伏观察法确定（1 d 即可）。

（二）鼠害情况的估计和危害分布图

在获得破坏量的资料后，就可以做出对调查地区鼠害情况的总的估计。考虑

鼠类分布的不均匀性,仅仅在样地上做破坏量的调查还不够,需要在面上做一些调查。但破坏量调查的样方作图法比较麻烦,花费的劳力多,在面上应用有很大困难。这里介绍一种"样线法",可以比较迅速地测出破坏率,从而得到危害情况及其区域变化的大量信息。

用长 15～30 m 的测绳,拉成直线放在地上,登记样线所接触到的土丘、洞口、秃斑塌洞和镶嵌体等,记载每一个项目所截样线的长度(L),将数据记入样线记录表中。样线记录表见表 2-13。

分析上述破坏量、破坏程度及其分布的资料,可以划出危害等级,做出危害分布图。分布界线可参照生境分布图或植被分布图勾画。因为鼠的种群密度和危害程度是正相关的,在找到破坏量与种群密度等级的数量关系后,也可以直接用种群密度分布资料做出危害分布图。

$$\text{破坏率}=\frac{\text{各项所截长度的总和}}{\text{区段长度}}\times 100\%$$

表 2-13　样线记录表

地点＿＿＿＿＿＿＿＿＿＿＿＿生境(类型或编号)＿＿＿＿＿＿＿＿＿＿＿＿

区段长度＿＿＿＿＿＿　＿＿＿年＿＿月＿＿日　观测人＿＿＿＿＿＿＿＿＿＿

项目＼区段号	1	2	3	4	5	6
$\sum 1$						
$\sum 2$						
$\sum 3$						
$\sum 4$						
$\sum 5$						
$\sum 6$						
⋮						
$\sum n$						

第三章　啮齿动物控制药剂测定与评价

优良的灭鼠剂，应该安全、有效、使用方便和价廉易得。有毒的药物很多，但能用于灭鼠的仅占其极少的一部分。这是因为有毒是灭鼠的先决条件，但不是唯一条件。要使毒物进入鼠口发挥毒杀作用，还必须解决"入口"问题。经口灭鼠药一般要鼠自行食入，所以，衡量毒物是否可以用于灭鼠，通常需要考虑灭鼠剂的毒力、适口性、作用速度和杀灭效果等问题。本组实验设计为 5 个实验，各实验既相互独立，又相互关联。它们是培养正确选择和评价灭鼠剂的重要环节，也是鼠害治理研究的基础实验。要求学生掌握药剂适口性测定方法，并根据实验结果判断灭鼠剂对鼠类的适口性，掌握药剂致死中量（median lethal dose，LD_{50}）的概念和测定方法，熟悉测定的步骤和基本技能，并根据实验结果，正确计算药剂的 LD_{50}，掌握化学药剂对单个、群体试鼠和现场的毒杀效果测定方法，以及如何进行实验室灭鼠。

实验用品的保管，所有实验用品包括资料、工具、药品等，一律实行责任到人，由专人负责保管、使用，确保不会遗失。实行小组长点名制，学生党员、班干部要发挥带头作用，指导教师要切实负起责任，确保实验过程中不发生意外。

实验一 药剂的适口性测定

一、实验目的与意义

掌握药剂适口性测定方法，并根据实验结果判断灭鼠剂对鼠类的适口性。

二、基本原理和方法

适口性是指鼠类遇见该种灭鼠剂时的喜食程度或接受程度。故也称适口性试验为接受性试验。到目前为止，尚无评价适口性的统一的客观标准，只能通过毒饵与空白诱饵，毒饵与另一种毒饵的对比试验来判断适口性的好坏。适口性试验方法比较多，试鼠可以单独饲养或群体饲养；可以只投以毒饵统计死亡率(无选择性试验)，也可以投以毒饵和无毒对照诱饵，统计摄食系数和死亡率(选择性试验)。除实验室试验外，还可以在灭鼠现场进行试验。常用的测定方法是群体有选择试验方法。

三、主要仪器设备及耗材

实验仪器：电子天平(感量不大于 10 mg)、托盘、镊子、烘箱、养鼠盒(或带铁网盖的养鼠罐)。

主要耗材：试鼠饵料(面粉、玉米粉、豆粉、骨粉、鱼粉)、小白鼠(体重 18～40 g，每组 40 只)、毒饵。

四、实验内容及步骤

判断毒剂适口性的好坏，不能依赖人类的感官和主观判断，而应直接用靶子鼠进行试验。现今衡量适口性的标准为“摄食系数”，它代表鼠类取食毒饵的比例。摄食系数的测定可以在实验室内进行，也可以在灭鼠现场进行，可以仅投以毒饵(无选择性试验)，包括同时投以毒饵和无毒饵(有选择性试验)。

每组 20～30 只动物，将毒饵和无毒对照诱饵分别置入相同的盛饵容器中，放入鼠笼，每 2～4 h 将毒饵和无毒诱饵的位置对调一次，8～24 h 后分别统计毒饵和无毒饵的消耗量。试鼠仍正常饲养，观察并记录其死亡情况，计算摄食系数和死亡比。

$$\text{摄食系数}=\frac{\text{毒饵消耗量}}{\text{对照饵料消耗量}}$$

$$\text{死亡比}=\frac{\text{毒死鼠数}}{\text{试鼠总数}}$$

一般认为，摄食系数大于 0.3 者，表示适口性好；摄食系数在 0.1～0.3，表示适口性尚可；小于 0.1 者，适口性较差；若小于 0.01，则不宜使用。死亡比大于 8.5/10 为效果好，若低于 5/10，则效果差。如果同一试验重复若干次，可以算出食饵消耗量的平均数及标准差，进一步用成对比较法检验毒饵与空白对照诱饵适口性的差异；也可用同法比较两种毒饵的适口性。如果测得某种灭鼠剂各浓度梯度的摄食系数，可以探测毒饵浓度改变时，毒饵适口性随之而产生变化的趋势，并借以选择最适浓度。

实验二 药剂致死中量测定

一、实验目的与意义

①掌握药剂致死中量(median lethal dose，LD_{50})的概念和测定方法。

②熟悉测定的步骤和基本技能。并根据实验结果，正确计算药剂的 LD_{50}。

二、基本原理和方法

灭鼠剂的毒力通常用“致死中量”或“半数致死量”(LD_{50})表示。致死中量为毒死半数受试动物的剂量，其单位为每千克体重的动物所需药物的质量(毫克)，即mg/kg。LD_{50}越小，灭鼠剂毒力越强。致死中量代表群体的致死量水平，其对数为群内个体致死量对数的平均值，是最有代表性的。

可以利用统计学原理，以较少的实验动物，通过适当的方法求出，因而是比较各种灭鼠剂的毒力和各种动物对某种药物感受性的最适宜的指标。但是致死中量仅能代表种群致死量的一般水平，不能反映种群中各个体对药物感受性的差别。对灭鼠药物来说，个体差的大小直接关系到灭效的高低。致死中量相近但个体差不同的两种灭鼠药物，若其他条件(如适口性等)类似，则个体差小者效果好。这是因为耐药力大的个体越少，残存鼠数越少。因此，在测定药物致死中量时，还应测定其标准误差。LD_{50}很接近的两种灭鼠剂，若标准误差相差较大，灭鼠效果会有明显的区别。

常使用的方法有孙氏综合法(点斜法)和Dixon序贯法(上下法，或称阶梯法)。

三、主要仪器设备及耗材

电子天平(感量不大于10 mg)、托盘、镊子、养鼠盒、灌胃器，小白鼠(体重18～25 g，每组正式实验不少于65只)，实验用药剂。

四、实验内容及步骤

(一)孙氏综合法(点斜法)

要求:反应情况符合或接近对数正态分布;剂量必须为等比级数(几何级数)见表 3-1;各组动物数相等或相近;最低剂量组动物死亡率<20%;最高剂量组动物死亡率>80%。

表 3-1 常见剂量比例表

剂量比	各组剂量/(mg/kg)								
	1	2	3	4	5	6	7	8	9
1:1.260	1.000	1.260	1.585	2.000	2.520	3.176	4.000	5.040	6.352
1:1.414	1.000	1.414	2.000	2.828	4.000	5.656	8.000	11.312	16.000
1:1.442	1.000	1.000	2.082	3.000	4.326	6.240	9.000	12.978	18.720
1:1.732	1.000	1.732	3.000	5.196	9.000	15.588	27.000	46.764	81.000

1.预试验

目的是找到零死亡的最大剂量和 100%死亡的最小剂量的估计值,以决定实验中采用的最大剂量(D_m)和最小剂量(D_n)。

2.方法

对于新药,可先设 1、10、100 mg/kg 三组,以测定致死中量的大致范围,再根据初试结果设组。实验分四组,每组用鼠 4 只,采用灌胃法一次性给药,给药量为等比级数。正常喂养,观察 3 d,记录死亡试鼠数,然后在死亡数 4/4 和 0/4 两组间按剂量比 1:2 以下(表 3-1)进行重复试验,测出近似的 0 和 100%死亡率的值。

3.LD_{50}测定正式试验

在测得 D_m 值后,进行正式测定。试验分 5 组,每组 10 只小鼠,组间按 0.6~0.9 等比排列,各给药组和溶剂对照组按体重采用灌胃法一次性给药,试验当日多次观察,第二日至最后一日每日观察二次以上,并及时记录毒性反应症状、死亡时间等,第四日测量全部试鼠体重并处死解剖,观察病变情况。

4.实验数据处理

当反应基本符合常态，即死亡率(P)低于和高于50%的组数大致相等，而可参与计算的组数(N)不少于4时，可根据表3-2内数据按公式计算出该药剂对小鼠LD_{50}及有关的数据。

表3-2　小鼠的毒性测定原始数据和计算资料

<table>
<tr><th>剂量/
(mg/kg)</th><th>死亡数/
动物总数</th><th>计算资料
已知数据</th><th>组次</th><th>死亡率
(P)</th><th>P^2</th><th>概率单位
(Y)</th></tr>
<tr><td></td><td></td><td rowspan="5">D_m=
X_m=
n=
K=
i=</td><td>1</td><td></td><td></td><td rowspan="5">Y_h
Y_c
R</td></tr>
<tr><td></td><td></td><td>2</td><td></td><td></td></tr>
<tr><td></td><td></td><td>3</td><td></td><td></td></tr>
<tr><td></td><td></td><td>4</td><td></td><td></td></tr>
<tr><td></td><td></td><td>5</td><td></td><td></td></tr>
</table>

注：D_m为估计最大致死量；X_m为D_m的对数值；n为每组动物数；K为组数；i为组间剂量比例的对数；Y_h为高半组Y值的均数；Y_c为低半组Y值的均数；R为Y_h与Y_c间的组距数。

若死亡率包括0和100%，则：

$$LD_{50}=\lg^{-1}[X_m-i(\sum P-0.5)]$$

若最高死亡率(P_m)为0.80～0.89，或最低死亡率(P_n)为0.10～0.20，则：

$$LD_{50}=\lg^{-1}\left[X_m-i\left(\sum P-\frac{3-P_m-P_n}{4}\right)\right]$$

LD_{50}的标准误：

$$S_{50}=i\cdot\sqrt{\frac{\sum P-\sum P^2}{n-1}}$$

LD_{50}的95%平均可信度(d_{50})：

$$d_{50}=\pm 4.5\,LD_{50}\cdot S_{50}$$

回归线斜率：

$$b=\frac{\overline{Y}_h-\overline{Y}_c}{R\times i}$$

回归方程：

$$Y = bx + 5 - b \times \lg LD_{50}$$

孙氏综合法(点斜法)所测的数据,采用计算机软件程序很容易计算出所有结果。

(二) Dixon 序贯法(上下法,或称阶梯法)

1. 实验方法

实验采用灌胃法一次性给药,按等比级数安排 5 或 7 个剂量。试验从大剂量开始,给药后,观察 1～10 min,如动物死亡,在表中用“×”记录,下一只动物降低一挡剂量给药,如存活用“Δ”表示,下一只动物则升高一挡剂量给药,依次进行到最后一只动物(实验动物数 28 只)(表 3-3)。

表 3-3　序贯法测定 LD_{50} 实验记录

样品名称：________________　样品浓度：________________

实验时间：________________　实验用动物：________________

剂量/(mg/kg)	试验结果(动物死亡用×表示,存活用 Δ 表示)																							

2. 实验数据处理(表 3-4)

表 3-4　Dixon 序贯法实验结果整理

剂量/(mg/kg)	剂量对数(X)	总计×Δ	死亡数(F)	存活数(S)	组数($r=F+S$)	$C=r*X$

计算：

$$LD_{50} = \lg^{-1}\left(\frac{\sum r \times X}{\sum r}\right)$$

序贯法简便易行，适用于反应快速的药物试验，且使用动物较为节省，但不能估计误差，无法进行显著性检验，因此应受一定的限制。但也有一些补充方法，例如，利用孙氏综合法中的公式计算S_{50}，将其中的 n 用 r 代替，同时需要计算本算法中各剂量组的死亡率。一般用来寻找最高、最低致死量。

实验三 药剂毒杀效果测定(单个)

一、实验所用仪器、工具及试鼠

电子天平(感量不大于 10 mg)、托盘、镊子、养鼠盒(或带铁网盖的养鼠罐)、小白鼠(体重 18～25 g)、试鼠饵料、实验用药剂。

二、实验用药剂的前处理及准备

正式实验开始前,将药剂按不同的比例加入试鼠饵料中,或用药剂浸泡小麦粒几分钟后,晾干备用。

三、实验方法

对选择供试的小白鼠个体,按雌雄逐个称量体重,随机编号,每组的试验鼠为 10 只,一罐一鼠,加入毒饵与空白饵料,连续饲喂 3 d,3 d 后改为正常饲料饲喂,观察试鼠在取食后的反应及中毒情况,记录死亡时间及取食后和死亡前的症状。对照组用普通饲料喂养,方法同试验组。根据试鼠的死亡数计算死亡率。判断该药剂的毒性级别和适口性。

四、实验数据处理

$$死亡率=\frac{死亡试鼠数}{试鼠总数}\times 100\%$$

死亡率表示在试验过程中实验组试鼠的死亡情况,它反映了含毒饵料对试鼠总的毒杀情况,但它不能排除试验过程中的误差,即在试验过程中由于其他因素引起的试鼠死亡情况,采用校正死亡率表示的试验结果可以排除由于其他因素造成的试验误差。校正死亡率按下述公式计算。

$$校正死亡率=\frac{实验组死亡率-对照组死亡率}{1-对照组死亡率}$$

采用校正死亡率可以更为准确地表达药剂对试鼠的毒杀效果。

实验四　药剂毒杀效果测定(群体)

一、实验目的与意义

掌握化学药剂对群体试鼠毒杀效果的测定方法。

二、基本原理和方法

在大饲养池进行，每次实验 10～15 只鼠。池中四角各放一个食饵盒，毒饵和对照饵料等比投放，试验期为 4 d。在群体影响下，测定鼠对毒饵和对照饵料的消耗量。杀灭效果≥85%(国标 80%)为合格品。

三、主要仪器设备及耗材

电子天平(感量不大于 10 mg)、托盘、镊子、养鼠盒(或带铁网盖的养鼠罐)、小白鼠(体重 18～25 g)、鼠饵料、实验用药剂。

四、实验内容及步骤

1.实验用药剂的提前处理及准备

正式实验开始前，将药剂按不同的比例加入试鼠饵料中，或用药剂浸泡小麦粒几分钟后，晾干备用。

2.实验方法

对选择供试的小白鼠个体，按雌雄逐个称量体重，随机编号，每组的试验鼠为 10 只，放在同一饲养盒中群体饲养，加入毒饵与空白饵料，24 h 后改为正常饲料饲喂，观察试鼠在取食后的反应及中毒情况，记录死亡时间及取食后和死亡前的症状。对照组用普通饲料喂养，方法同试验组。在群体影响下，测定鼠对毒饵和对照饵料的消耗量，判断该药剂的毒性级别和适口性。

3. 实验数据处理

$$群体死亡率=\frac{死亡试鼠数}{试鼠总数}\times 100\%$$

群体死亡率表示在试验过程中实验组试鼠的总体死亡情况，消除了因个体差异引起的杀灭率误差，更能反映毒饵的实际杀灭效果。

实验五　野外药剂灭鼠

一、实验目的与意义

①了解野外药剂灭鼠实验(即现场毒杀实验)的过程。

②掌握灭鼠效果的估计方法和灭鼠率的测定方法。

二、基本原理和方法

野外药剂灭鼠实验是在接近灭鼠实际水平上的科学实验活动。它对于检验灭鼠药物、灭鼠工具和灭鼠措施的效果以及对于指导灭鼠实践都有重要的意义。在新药剂或方法推广之前,必须经过现场实验考察。现场实验不能代替单个实验,因为优良的毒饵必须具备 3 个标准,即总的消耗量、每只鼠的平均消耗量和摄食毒饵个体所占的比例。消耗量和摄食率比例越大,杀灭效果越好。而摄食比例为 60%～80%时,即使消耗量再大,其杀灭效果也不会理想。现场实验得不到鼠的个体平均日消耗量和摄食个体所占的比例这两个指标。

三、主要仪器设备及耗材

毒饵、鼠夹等捕鼠工具、测绳等。

四、实验内容及步骤

(一)现场试验的基本要求

现场实验项目多,机械灭鼠、化学灭鼠或生物灭鼠中的任何方法都可以在现场实验中进行检验,以判断其是否有实用价值;也可以对不同方法加以对比,以鉴定其优劣。在化学灭鼠的范围内,常用的现场实验有药效比较,诱饵、药物及其使用浓度的选择，灭鼠适宜时期的选择和残效期实验等。1次实验，只能确定1个目标，解决1～2个问题。

1.实验区的选择

实验区应选在鼠害较严重的地区，优势鼠种及其生态环境应与计划推广的地区相同，至少应与之相近，而且要有足够的面积。为特殊目的而设置的实验区，可以不受上述条件的限制。

2.样方设置

药剂毒杀效果试验样方多选方形，面积为0.25～1 hm^2。样方四周应有明显的标志，外围设10～20 m的保护带。也可不设固定面积的样方，而用灭洞率或灭鼠率表示。但无论何种形式，都需要设边界标志和保护带。

各种处理的样方应重复3～5次；同时应设对照（或对照洞口），对照样方也应设相应的重复。实验采取随机排列和有局部控制的随机排列为主，简单的对比实验，也可用对比排列法。

3.详细记载

记录的内容包括实验区的环境条件、样方设置、处理方式和处理时间等，最好预先设计表格，按时填写，如果附有地图则更好。记载时，应实事求是，以观察的结果为准，切勿以想象代替观察，尽量避免人为误差。

4.安全与保护

任何药剂现场实验，都应注意人、畜安全，实验区必须设置醒目的标志，避免人为活动对实验设施和标记的破坏，以保障实验的完整性和系统性。

(二)现场实验程序及方法

现场实验程序一般包括试验准备、实施、灭效检查和资料整理等。实验准备包括题目的确定、实验区的选择和试验设计的编写，也包括物资、设备的准备和运输等。实验实施是指在实验区内，按照实验方案设计逐步完成实验的过程。实验必须严格按照设计要求进行，执行中如果发现问题，应经过研究而修改设计，决不允许操作人员擅自修改。灭效检查，应根据实验设计的要求进行，以保证实验结果的可比性。

现场实验前24 h，在样地内放鼠夹50个以上，24 h后检查捕鼠数，投放药剂若干天（一般3～7 d）后，用同样方法、同型号、同夹数，同样诱饵，在同一时间进行捕鼠，24 h后检查，记录捕鼠数。

(三)结果分析

1.如何估计灭鼠效果

灭鼠工作的成绩,通常用灭鼠率来衡量,灭鼠率直观、简便,操作性强,是传统的评估方法。但灭鼠率并不能准确地表明对害鼠的打击程度。许多鼠种繁殖力特强,灭鼠后可以很快恢复。如一对子午沙鼠每年大约生产 20 个幼仔,在灭掉 90% 之后,下一年又会恢复到原有数量。90%的灭效虽然是一个相当不错的灭鼠率,但从消灭害鼠的角度来考虑,仍然没有达到要求。这当然是一个极端简化的例子,但一些实际的灭鼠实验也可以说明这个问题。

由此可见,灭鼠率不能表明灭鼠活动的真实效果,相比之下,残留密度更能说明灭鼠的成效。不过,怎样的残留密度才是可容忍的,不同鼠种之间有很大差别,不同背景下的同一种鼠也可能有所不同,显然这不是一个随意可以回答的问题(要回答这个问题,就得测定其 EIL 及 ET)。这大概是用残留密度衡量灭效至今没能推广的原因。不过在城市灭鼠工作中和卫生灭鼠考核中,已经逐渐在应用这种标准。

2.灭鼠率的测定方法

当鼠类密度达到一定数量,预测会发生危害时,需要采取防治措施,防治效果调查是评价灭鼠成绩和总结防治经验的重要环节。调查包括两方面内容,一是调查鼠数量减少率,二是调查草地受害的减少率。

(1)调查害鼠减少率　可采用鼠夹法、查洞法和校正法。

①鼠夹法,在灭鼠前 24 h,在样地内放鼠夹 100 个以上,24 h 后检查捕鼠数,灭鼠若干天(一般 3～7d)后,用同样方法、同型号、同夹数,同样诱饵,在同一时间进行捕鼠,24 h 后检查,记录捕鼠数,计算灭鼠效果,用灭鼠率表示。

$$\text{灭鼠率}=\frac{\text{灭鼠前捕鼠数}-\text{灭鼠后捕鼠数}}{\text{灭鼠前捕鼠数}}\times 100\%$$

②查洞法,对于洞系明显的鼠类可选用检查掘开洞方法,先把样地里的洞堵严,洞内如果有鼠,洞被重新掘开,称为有效洞口,记录掘开洞数,并做标记,毒饵灭鼠 5～7 d 后,再次堵洞,调查灭鼠后掘开洞数,计算灭洞率:

$$\text{灭洞率}=\frac{\text{灭鼠前鼠堵洞数}-\text{灭鼠后鼠堵洞数}}{\text{灭鼠前鼠掘开洞数}}\times 100\%$$

对于鼢鼠可用开洞堵洞法,灭鼠前先把样地里的洞道掘开,洞内如果有鼠,就会将掘开的洞口堵上，并记录堵洞数，并做好标记，灭鼠 5～7 d 后，用同样的方法调查堵洞数，记录灭洞率：

$$灭洞率=\frac{灭鼠前鼠堵洞数-灭鼠后鼠堵洞数}{灭鼠前鼠堵洞数}\times 100\%$$

③校正法，以上两种方法调查灭鼠效果，会因为自然死亡及灭鼠捕鼠等原因，而造成一定程度的误差，所以在计算过程中应加以校正，方法是设对照样地。和试验样地进行同样的调查，对照样地不灭鼠，计算出灭鼠原因以外鼠洞或鼠减少的百分率，作为校正值。

$$校正值=\frac{第一次调查鼠(洞)数-第二次调查鼠(洞)数}{第一次调查鼠(洞)数}\times 100\%$$

计算校正灭鼠率，公式如下。

$$校正灭鼠率=\frac{灭鼠前后鼠(洞)减少数-灭鼠数\times 校正值}{灭鼠前的鼠(洞)数-灭鼠前的鼠(洞)数\times 校正值}\times 100\%$$

鼠的数量减少，在一定范围内密度降低，是防治效果的主要标准，但在草地生产中，还需要调查灭鼠使草地受害的减少率。

(2)调查草地被害减少率　调查草地被害减少率时，需要设不灭鼠的对照地，灭鼠地灭鼠后，直到害鼠危害时期基本结束后，调查灭鼠地和对照地相同样方大小的总破坏量，计算灭鼠后草地受害减少率，公式如下。

$$草地受害减少率=\frac{灭鼠草地总破坏量-对照草地总破坏量}{对照草地总破坏量}\times 100\%$$

附　件

附件 1　鼠类分目检索表

1. 上颌具 1 对门齿 …………………………………………………… 啮齿目(Rodentia)
2. 上颌具 2 对门齿,1 对很小,位于大门齿之后 …………… 兔形目(Lagomorph)

附件 2　兔形目分科检索表

1. 体形小,成体体长小于 300 mm,耳圆形,前后肢几等长,无尾或尾极不明显 …………………………………………………………… 鼠兔科(Ochotonidae)
2. 体形大,成体体长大于 350 mm,耳极长,后肢显著比前肢长,尾较短,露出毛被之外 ………………………………………………………………… 兔科(Leporidae)

附件 3　兔科主要属种检索表

1. 尾背方有一黑色或棕色毛区,尾两侧和腹方为纯白色(无任何灰色毛基),两种颜色之间界线明显………………………………………… 草兔(*Lepus capensis*)

   尾背方为棕灰色、棕色、浅灰色或白色,两侧的毛色与背方无明显的界线 …… 2
2. 体形较大,成体体长不超过 550 mm。尾背部白色或灰白色。冬毛白色而具黑色耳尖 ……………………………………………… 雪兔(*Lepus timidus*)

体形较小，成体长不超过 550 mm。尾背部暗黑色。冬毛不变成白色 ……… 3

3. 耳长，前折明显超过鼻端。臂部为灰色。耳长约为后足长的 80%，尾背面黑纹皆不清晰 …………………………………… 高原兔(*Lepus oiostolus*)

耳短，前折不超过鼻端。臀部不呈灰色。尾长不超过后足长之半，尾背面灰黑色 ………………………………………………… 东北兔(*Lepus mandschuricus*)

附件 4　鼠兔科(属)常见种检索表

1. 上门齿后方的门齿孔与腭孔合并成一大孔 ……………………………… 2

上门齿后方的门齿孔与腭孔明显分离……………………………………… 6

2. 体形小，体长多不超过 170 mm。颅全长一般小于 40 mm ………………… 3

体形大，体长平均超过 170 mm。颅全长大于 40 mm ………………… 5

3. 体形较大，颅全长平均 28 mm 左右。颧宽不小于 17 mm ………………… …………………………………………………… 藏鼠兔(*Ochotona thibetana*)

体形略小，颅全长小于 37 mm，颧宽小于 17 mm ………………………… 4

4. 颅骨狭长，颧宽小于 15 mm …………………… 狭颅鼠兔(*Ochotona thomasi*)

颅骨短而宽，颧宽大于 15 mm …………………… 间颅鼠兔(*Ochotona cansus*)

5. 吻部上下唇深黑褐色，成体头骨额部隆起，整个头骨背面有较大的弧度，听泡较小 …………………………………………… 高原鼠兔(*Ochotona curzoniae*)

吻部四周非深黑褐色，头骨额部趋于平缓，听泡较大 ………………………… ………………………………………………… 达乌尔鼠兔(*Ochotona daurica*)

6. 门齿孔与腭孔多少相通，眶间宽大于鼻骨中部的宽度 ……………………… …………………………………………………… 褐斑鼠兔(*Ochotona pallasi*)

门齿孔与腭孔完全分开……………………………………………………… 7

7. 体形小，颅基长不及 43 mm。鼻骨较短 …… 东北鼠兔(*Ochotona hyperborea*)

体形小，颅基长超过 43 mm，鼻骨较长 …………… 高山鼠兔(*Ochotona alpina*)

附件 5　我国主要啮齿目分科检索表

1. 颊齿 5/4 ………………………………………………… 松鼠科(Sciuridae)

　颊齿小于 5/4 ………………………………………………………………… 2

2. 上臼齿 4 或 3 枚。后肢长为前肢的 2～4 倍。尾长,多数种类尾端有毛束……
　………………………………………………………… 跳鼠科(Dipodidae)

　上臼齿 3 枚。前后肢长约相等,尾端无毛束 ………………………………… 3

3. 第一和第二上臼齿的咀嚼面上有 3 纵列齿突或被釉质分割为横列的板条状…
　………………………………………………………………… 鼠科(Muridae)

　第一和第二上臼齿的咀嚼面上有 2 纵列齿突,或完全是平的,围以各种形式的釉质齿环 ……………………………………………… 仓鼠科(Cricetidae)……4

4. 臼齿咀嚼面上有明显的齿突。大多数具有颊囊 ……… 仓鼠亚科(Cricetinae)

　臼齿咀嚼面上是平的,无颊囊 ………………………………………………… 5

5. 尾长不超过体长之半,大多数种类的门齿前面无纵沟。臼齿咀嚼面形成左右交错的三角形…………………………………………………………………… 6

　尾长超过体长之半。门齿前面有 1～2 条纵沟。臼齿咀嚼面上形成菱形的齿环
　……………………………………………………… 沙鼠亚科(Gerbillinae)

6. 前爪发达,爪长大于指长。营地下生活 ………… 鼢鼠亚科(Myospalacinae)

　前爪平常,爪长显然小于指长 ………………………… 田鼠亚科(Microtinae)

附件 6　松鼠科常见种检索表

1. 背上有 5 条深色纵纹 ………………………………… 花鼠(*Eutamias sibiricus*)

　背上无上述深色纵纹………………………………………………………… 2

2. 尾长明显超过体长之半。耳露于毛外。通常耳端有簇毛 ……………………
　…………………………………………………… 灰鼠(*Sciurus vulgaris*)

　尾长小于体长之半。耳较短。不明显地露于毛外,耳端无簇毛 …………… 3

3. 体形小,成体长小于 400 mm,后足长小于 60 mm ………………………… 4

体形大,成体长大于 400 mm,后足长大于 70 mm …………………………… 9

4. 尾长,不计端毛超过体长的 1/3 ………… 长尾黄鼠(*Spermophilus undulatus*)

尾短,不计端毛小于体长的 1/3 ………………………………………………… 5

5. 后跖裸露,只有脚掌侧面和后跟被毛……………………………………… 7

后跖脚掌被毛,一直到趾基部附近的足垫 ………………………………… 6

6. 成体体长超过 185 mm。背上常有浅色波纹或斑点。尾长为体长的 1/3,尾端黑白双色不明显 …………………… 阿拉善黄鼠(*Spermophilus alaschanicus*)

成体体长不超过 185 mm。背色一致而无斑纹,尾基无黑斑,但尾毛有显著的黑白双色 …………………………………… 草原黄鼠(*Spermophilus dauricus*)

7. 颊部有锈红色斑 …………………… 赤颊黄鼠(*Spermophilus erythrogenys*)

颊部无锈红色斑………………………………………………………………… 8

8. 体形小,体长小于 230 mm,后足长小于 42 mm,体背具隐约细斑,不杂铁锈色 …………………………………………… 小黄鼠(*Spermophilus pygmaeusn*)

体形大,体长超过 230 mm。体背具有清晰的杂斑,混杂铁锈色 ……………… …………………………………………… 天山黄鼠(*Spermophilus relictus*)

9. 尾连端毛之长显然超过体长的 1/3 …………… 长尾旱獭(*Marmota caudata*)

尾连端毛之长不及体长的 1/3 ……………………………………………… 10

10. 背部呈沙黄色,毛尖黄褐色……………… 西伯利亚旱獭(*Marmota sibirica*)

背部黑色和淡棕黄色相混杂,并形成明显的黑色波纹 …………………… 11

11. 毛短,躯体背面及两侧毛色与腹面毛色无明显区别………………………… ……………………………………… 喜马拉雅旱獭(*Marmota himalayana*)

毛长,躯体背面及两侧毛色与腹面毛色区别明显 ……………………………………………… 灰旱獭(*Marmota baibacina*)

附件 7 仓鼠亚科常见种检索表

1. 整个后足掌密被白毛,足垫隐而不见 ………………………………………… 2

仅后足跟部被毛,足垫清晰可见 ……………………………………………… 3

2. 背中央有条暗色脊线。背与腹面毛色在体侧呈波形交叉 …………………………………………… 黑线毛足鼠(*Phodopus sungorus*)

背中央无暗色脊纹。背与腹间毛色在体侧分界平直

………………………………………… 小毛足鼠（*Phodopus roborovskii*）

3. 体形大，成体体长大于 140 mm，尾上下均暗色 …… 大仓鼠（*Cricetulus triton*）

体形小，成体体长小于 140 mm，尾上下均白色或上下颜色不同 …………… 4

4. 尾极短，略超过后足长。头骨的顶间骨异常退化

………………………………………… 短尾仓鼠（*Cricetulus eversmanni*）

尾较长，显著超过后足长。顶间骨正常 ………………………………… 5

5. 背脊隐约有条黑色宽纹 ………………… 黑线仓鼠（*Cricetulus barabensis*）

背脊不具黑纹…………………………………………………………… 6

6. 腹毛全白，或仅腹部毛基呈深灰色 …………… 灰仓鼠（*Cricetulus migratorius*）

腹毛全具深灰色毛基，仅毛尖呈白色 ……………………………………… 7

7. 尾粗而长，尾长平均为体长的 1/2 左右，背腹面毛色在体侧呈波浪式镶嵌

………………………………………………… 藏仓鼠（*Cricetulus kamensis*）

尾细而短，尾长平均为体长的 1/3 左右，背腹面毛色在体侧平直相界

……………………………………… 长尾仓鼠（*Cricetulus longicaudatus*）

附件 8　鼢鼠亚科常见种检索表

1. 头骨后端（枕骨部）不成截切面，枕骨向外斜伸一段之后再转向下方。第三上臼齿后方有一延伸的小突起 ………………… 中华鼢鼠（*Myospalax fontanieri*）

头骨后端在人字嵴处成直立的截切面，仅枕骨中部略向后隆起。第三上臼齿后方无向后延伸的小突起……………………………………………………… 2

2. 第一上臼齿内侧只有一个很深的内陷角 …… 草原鼢鼠（*Myospalax aspalax*）

第一上臼齿内侧有 2 个内陷角……………………………………………… 3

3. 尾毛稀疏，几成裸露状 ………………… 东北鼢鼠（*Myospalax psilurus*）

尾被毛短 …………………………… 阿尔泰鼢鼠（*Myospalax myospalax*）

附件 9　跳鼠科主要属种检索表

1. 头骨的听泡异常膨大。顶间骨退化或付缺如（若有，则其长度大于宽度）。体长

不超过 70 mm …………………………………………………………………………………………… 2

头骨的听泡不异常膨大,顶间骨正常。体长超过 70 mm ……………………………… 4

2. 后肢具 5 趾。尾长不到体长的 1.5 倍 ………………………………………………………

……………………………………… 五趾心颅跳鼠(*Cardiocranius paradoxus*)

后肢具 3 趾。尾长为体长的 1.5~2 倍 ……………………………………………………… 3

3. 尾短(达 95 mm),尾前半部或前 1/3 处肥大,具皮下脂肪层,尾全部被以短毛,毛仅在尾端稍长,但不形成明显的毛束……………………………………………………

……………………………………… 肥尾心颅跳鼠(*Salpingotus crassicauda*)

尾长(超过 95 mm)而细,不具皮下脂肪层,尾全部除被短而密的毛外,尚有细长而疏松的刚毛,并在尾端显著变长。形成疏松的毛束………………………………

……………………………………………… 三趾心颅跳鼠(*Salpingotus kozlovi*)

4. 耳宽大,其长比头长大得多 ………………………… 长耳跳鼠(*Euchoreutes naso*)

耳狭长,其长等于或短于头长 …………………………………………………………… 5

5. 后足具 5 趾。上门齿前方无纵沟……………………………………………………………… 6

后足具 3 趾。上门齿前方有纵沟……………………………………………………………… 9

6. 上颌每侧具有 1 枚前臼齿,即上颊齿共 4 枚 ………………………………………… 7

上颌无前臼齿,即每侧上颊齿共 3 枚…………… 小地兔(*Alactagulus pumilio*)

7. 听泡大,左右听泡前端几乎接触 …………… 巨泡五趾跳鼠(*Allactaga bullata*)

听泡大,左右听泡前端几乎接触,三色“尾旗”腹面中间有一条黑褐色横线 ……

……………………………………………… 巴里坤跳鼠(*Allactaga balikunica*)

听泡小,左右听泡前端相距甚远 ………………………………………………………… 8

8. 体形大,后足长不小于 65 mm。上颌前臼齿直径几与最后一枚臼齿之直径相等

……………………………………………………… 五趾跳鼠(*Allactaga sibirica*)

体形小,后足长小于 65 mm。上颌前臼齿之直径为最后一枚臼齿直径之 1/2 或 1/3 ……………………………………………… 小五趾跳鼠(*Allactaga elater*)

9. 门齿表面黄色,听泡较小。尾端有黑白色长毛形成扁穗状“尾簇” ……………

……………………………………………………………… 三趾跳鼠(*Dipus sagitta*)

门齿表面白色,听泡较大。尾端无白色长毛形成的“尾簇” …………………………

……………………………………………………… 羽尾跳鼠(*Stylodipus telum*)

附件 10　沙鼠亚科主要属种检索表

1. 上门齿前面有 2 条纵沟 ………………………… 大沙鼠(*Rhombomys opimus*)
   上门齿前面有 1 条纵沟 ……………………………………………………… 2
2. 耳甚短,其长约为后足连爪总长的 1/3 … 短耳沙鼠(*Brachiones przewalskii*)
   耳较长,其长约为后足连爪总长的 1/2 ………………………………………… 3
3. 后足跖部具暗红色块斑,尾毛颜色上下显然不同,上面毛色同体背,而下面为白色 ………………………………………… 柽柳沙鼠(*Meriones tamariscinus*)
   后足跖部无暗色块斑,尾毛上下颜色差别不大 ……………………………… 4
4. 体形较大,成体体长多数大于 150 mm。尾端 1/3 的部分被覆暗褐色或黑色毛 …………………………………………………… 红尾沙鼠(*Meriones libycus*)
   体形较小,成体体长多数小于 150 mm,尾端 1/3 部分的毛色与基部相同,仅在最末端有黑色长毛,或完全没有黑毛 ……………………………………… 5
5. 腹部毛基灰色,爪黑色 …………………… 长爪沙鼠(*Meriones unguiculutus*)
   腹部毛基白色,爪非黑色…………………… 子午沙鼠(*Meriones meridianus*)

附件 11　田鼠亚科主要属种检索表

1. 地下活动。眼小,耳壳退化,上门齿前面白色,向前倾斜,突出于口腔之外 …… ………………………………………………… 鼹形田鼠(*Ellobius talpinus*)
   地面活动。眼正常,耳壳也正常,上门齿前面黄色,不向前倾斜,不突出于口腔外 ……………………………………………………………………… 2
2. 尾很短,小于后足长,后足掌全部被以密毛……………………………………… 3
   尾很长,超过后足长,后足掌仅跟部被毛………………………………………… 4
3. 背脊具黑色条纹。颅基长小于 27 mm ……… 草原兔尾鼠(*Lagurus lagurus*)
   背脊无黑色条纹。颅基长大于 28 mm ………… 黄兔尾鼠(*Lagurus luteus*)
4. 头骨硬腭后缘平直,无明显的缺刻 ………………………………………… 5
   头骨硬腭后缘显著弯曲,其中间部位有较大的半圆形缺刻,其后部两侧各有一个

小窝被中间的骨桥分开………………………………………………………………… 9

5. 背毛以灰色为主。吻部须很长，远超过头长。成体臼齿无齿根，其外侧齿棱直通入齿槽内………………………………………………………………………………… 6

背毛多为红棕色或暗灰褐色。吻部须较短，小于头长或略超过之。成体臼齿有齿根，其外侧齿棱均不到齿槽即消失 ………………………………………………… 7

6. 头骨扁平，颅高（自基枕骨到顶骨上方）约为后头宽之半……………………………………………………………………… 平颅高山䶄（*Alticola strelzovi*）

头骨圆突，颅高大于后头宽之半 …………… 银白高山䶄（*Alticola argentatus*）

7. 体背毛色为暗灰褐色 ……………………… 天山林䶄（*Clethrionomys frater*）

体背毛色由红棕色到灰棕色……………………………………………………… 8

8. 第三上臼齿内侧有 3 个凹陷角 ………………… 红背䶄（*Clethrionomys rutilus*）

第三上臼齿内侧只有 2 个凹陷角 ………… 棕背䶄（*Clethrionomys rufocanus*）

9. 第一下臼齿在最后的横叶前方仅有 3 个封闭的齿环与 1 个前叶 …………… 10

第一下臼齿在最后的横叶前方有 4 或 5 个封闭齿环与 1 个前叶 …………… 13

10. 第一下臼齿内侧有 6 个凸出角，第三上臼齿内侧有 4 个凸出 ……………………………………………………………………… 锡金松田鼠（*Pitymys sikimensis*）

第一下臼齿内侧有 5 个凸出角，第三上臼齿内侧有 3 个凸出角 …………… 11

11. 第三下臼齿外侧有 3 个凸出角。背部灰褐色……………………………………………………………………… 帕米尔松田鼠（*Pitymys juldschi*）

第三下臼齿外侧少于 3 个凸出角。背部深棕色，暗褐色或沙黄色 ………… 12

12. 体形较小，颅全长小于 26 mm，爪细而弱 …………… 松田鼠（*Pitymys irene*）

体形较大，颅全长大于 26 mm，爪粗而强 …… 白尾松田鼠（*Pitymys leucurus*）

13. 头骨狭长，颧宽小于颅全长之半，眶间宽小于 3.3 mm ……………………………………………………………………… 狭颅田鼠（*Microtus gregalis*）

头骨较宽，颧宽大于颅全长之半，眶间宽一般大于 3.3 mm ……………… 14

14. 尾长小于后足长的 1.5 倍，第三上臼齿内侧有 3 个凸出角 ………………… 15

尾长大于后足长的 1.5 倍，第三上臼齿内侧有 4 个或 4 个以上的凸出角 … 17

15. 第一下臼齿横叶前具 4 个封闭的齿环与 1 个前叶……………………………………………………………………… 青海田鼠（*Lasiopodomys fuscus*）

第一下臼齿横叶前具 5 个封闭的齿环与 1 个前叶……………………… 16

16. 毛色淡，背部沙黄色。头骨眶上嵴显著 ……………………………………………………………………… 布氏田鼠（*Lasiopodomys brandtii*）

毛色深，背部暗棕色。头骨眶上嵴不明显 ……………………………………………… 棕色（北方）田鼠（*Lasiopodomys mandarinus*）

17. 第二上臼齿的内侧有 3 个凸出角，第 3 个特小，故该齿之咀嚼面共有 5 个封闭的齿环 …………………………………………… 黑田鼠（*Microtus agrestis*）

第二上臼齿的内侧有 2 个凸出角，故该齿的咀嚼面共有 4 个封闭的齿环 … 18

18. 第一下臼齿横叶前有 4 个封闭的齿环与 1 个前叶……………………………………………………………… 根田鼠（*Microtus oeconomus*）

第一下臼齿横叶前有 5 个封闭的齿环与 1 个前叶……………………………… 19

19. 头骨听泡的乳突部分比较膨大，其后缘达到或超过枕髁后缘…社田鼠（*Microtus socialis*）

头骨听泡的乳突部分不甚膨大，其后缘明显位于枕髁后缘之前 ………… 20

20. 体形较小。头骨腭后窝较浅 …………………… 普通田鼠（*Microtus arvalis*）

体形较大。头骨腭后窝较深……………………………………………………… 21

21. 尾长约等于体长之半，后足具 5 个足垫。头骨粗壮，眶上嵴多不明显……………………………………………………………… 沼泽（东方）田鼠（*Microtus fortis*）

尾长小于体长之半，后足具 6 个足垫。头骨细弱，眶上嵴明显……………………………………………………… 莫氏田鼠（*Microtus maximowiczii*）

附件 12　鼠科主要属种检索表

1. 体形较大，后足长超过 25 mm，体长大于 130 mm …………………………… 6

体形较小，后足长小于 25 mm，体长小于 130 mm …………………………… 2

2. 上门齿内侧有缺刻 ………………………………………… 小家鼠（*Mus musculus*）

上门齿内侧无缺刻……………………………………………………………… 3

3. 体形较小，体长不超过 75 mm，后足长不超过 16 mm，颅基长小于 20 mm ……………………………………………………………… 巢鼠（*Micromys minutus*）

体形较大，体长超过 75 mm，后足长超过 17 mm，颅基长大于 20 mm ……… 4

4. 第三上臼齿只有 2 个齿叶，前内方的较小，第二上臼齿内前方有 1 个大齿突，外侧缺如。眶上嵴明显。尾长显然短于体长，沿背脊有一黑色条纹……………………………………………………… 黑线姬鼠（*Apodemus agrarius*）

第三上臼齿有 3 个齿叶。尾长大于体长或稍小于体长。沿背脊无黑色条纹 …
…………………………………………………………………………………… 5

5. 体形较小。头骨长不超过 22 mm,无眶上嵴。第一上臼齿第三列齿突两侧者位置向前,大小相似。第二上臼齿第一列齿突,内外两侧者均存在,大小相似……
……………………………………………………… 中华姬鼠(*Apodemus draco*)

体形较大。头骨长超过 22 mm,眶上嵴明显。第一上门齿第一列齿突内侧者较小。第二上臼齿前外方的齿突一般很小…… 朝鲜姬鼠(*Apodemus peninsulae*)

6. 上臼齿咀嚼面上无齿突而呈板状的横嵴。第一上臼齿 3 条,第二上臼齿 2 条…
……………………………………………………… 板齿鼠(*Bandicota indica*)

上臼齿的齿突很明显,排成横列,每侧 3 个……………………………………… 7

7. 通体黑色或黑褐色,尾长显然大于体长,后足长 31～36 mm …………………
……………………………………………… 屋顶鼠(黑色型)(*Rattus rattus*)

背毛棕褐色或黄褐色,混杂有黑毛,腹毛色淡。为白色或略带黄色…………… 8

8. 后足长小于 45 mm ………………………………………………………… 9

后足长大于 45 mm,一般为 55 mm ……………………………………… 14

9. 腹毛基部灰色 ……………………………………………………………… 10

腹毛基部白色或略带黄色 ………………………………………………… 12

10. 胸毛的尖端黄褐色。前足背面的中央为深褐色,周围白色 ……………………
……………………………………………………… 黄胸鼠(*Rattus tanezumi*)

胸毛的尖端白色 …………………………………………………………… 11

11. 体形较大,尾长显然短于体长,尾毛双色,上面黑褐色,下面乳白色。后足长大于 33 mm ………………………………………… 褐家鼠(*Rattus norvegicus*)

体形较小,尾长等于或稍大于体长,尾毛双色不明显,上下面皆为黑褐色。后足长小于 33 mm …………………………………………… 黄毛鼠(*Rattus losea*)

12. 体形较大,后足长大于 31 mm,头骨最大长度约 40 mm ……………………
……………………………………………… 屋顶鼠(黄色型)(*Rattus rattus*)

体形较小,后足长小于 31 mm,头骨最大长度不超过 39 mm ……………… 13

13. 背毛粗硬,混杂有刺状针毛,毛色光亮,为铁锈色或棕褐色。尾的末端非白色。耳小 …………………………………………………… 针毛鼠(*Rattus fulvescens*)

背毛较软,至少冬毛没有刺状针毛,毛色较暗,为灰褐色,腹毛硫黄色,尾的末端白色。耳大 ……………………………………… 社鼠(*Rattus confucianus*)

14. 背毛棕褐色 ………………………………………… 白腹巨鼠(*Rattus edwardsi*)

背毛青褐色,上面有少许白色小点 ……………… 青毛巨鼠(*Rattus bowersii*)

参考文献

[1] 甘肃农业大学. 草地保护学实验实习指导. 北京:中国农业出版社,2009.

[2] 刘荣堂,武晓东.草地保护学(第一分册):草地啮齿动物学. 3 版. 北京:中国农业出版社,2011.

[3] 甘肃农业大学.草地保护学.北京:中国农业出版社,2015.

[4] 韩群花,郭聪,张美文.密度制约效应对啮齿动物繁殖的影响.生态学报,2013,33(19):5981-5989.

[5] 姬程鹏,周建伟,楚彬,等.无线电追踪技术在高原鼢鼠生态学研究中的应用.草原与草坪,2017,37(3):48-52,59.

[6] 刘伟,钟文勤,宛新荣.啮齿动物巢区研究进展.生态学杂志,2002(4):36-40.

[7] 李仲来,李书宝,刘天驰,等.内蒙古三种地区啮齿动物调查方法研究.中国地方病防治杂志,2000(1):4-6.

[8] 李华.中国鼢鼠亚科的分类研究.首都师范大学学报(自然科学版),1995(1):75-80.

[9] 林纪春,楚定成,雷刚,等.塔里木盆地子午沙鼠年龄鉴定及种群年龄组成的研究.地方病通报,2004(4):1-4.

[10] 苏军虎,彭然,南志标,等.甘南草原高原鼢鼠年龄划分及其组成分析.动物学杂志,2018,53(1):46-54.

[11] 王喜伟,金志民,贾修歧.啮齿动物巢区影响因素研究进展.科教导刊(下旬),2018(11):42-43.

[12] 汪志刚,刘荣堂,陈艳宇,等.高原鼢鼠繁殖指数探讨.草业学报,1995(1):61-68.